光人社NF文庫
ノンフィクション

桜花特攻隊

知られざる人間爆弾の悲劇

木俣滋郎

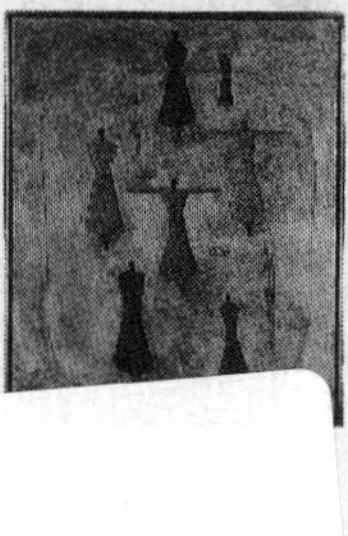

写真提供／野原茂・雑誌「丸」編集部
作図／野原茂

（昭和二十年二月現在）

第七二一航空隊＝神雷部隊
（司令＝岡村基春大佐）
（副長＝五十嵐周正中佐）
〈在・鹿屋〉

- 残留部隊〈在・神ノ池〉
  - 攻撃隊（田淵大尉）
  - 桜花隊
    - 桜花第一分隊（平野晃大尉）
    - 桜花第五分隊（新庄浩大尉）
- （飛行長＝岩城邦広少佐）
  - 攻撃第七〇八飛行隊（足立次郎少佐）
    - 桜花第三分隊（湯野川守正大尉）〈在・宇佐〉
  - 攻撃第七一一飛行隊※（野中五郎少佐）
    - 桜花第二分隊※（三橋謙太郎大尉）〈在・宮崎〉
    - 桜花第四分隊（林富士夫大尉）〈在・宮崎〉
- 神雷戦闘機隊（神崎国雄大尉）
  - 戦闘第三〇六飛行隊※（伊沢勇一大尉）〈在・都城〉
  - 戦闘第三〇七飛行隊※（漆山睦夫大尉）〈在・都城〉

（※印の四名は三月二十一日戦死）

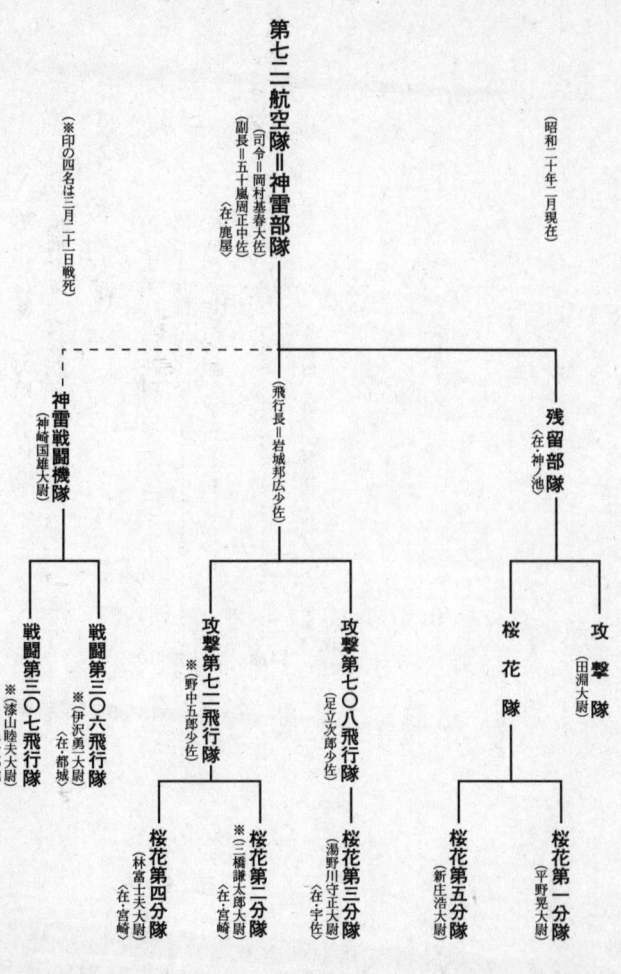

桜花特攻隊

知られざる人間爆弾の悲劇

プロローグ

その夜、スペチアの町は混乱のるつぼにあった。ついにイタリアはイギリス軍に降伏し、本土のサレルノにアメリカ・イギリス軍が上陸してくるというのだ。

風光明眉な避寒地スペチアにはイタリア艦隊の主力が在泊していた。しかし、赤・白・グリーンよりなるその軍艦旗は力なくうなだれ、水兵たちも途方に暮れていた。けたたましくサイレンが鳴った。戦艦ローマに将旗をひるがえすベルガミーニ大将はついに腹を決めた。

「サルヂニア島のマダレーナ湾へ逃れよう」

そこで政府と国王陛下とがイギリスに降伏調印式を行なうからだ。

昭和十八年九月九日の未明三時、イタリア艦隊はスペチアから錨を上げた。ベルガミーニ大将が出帆すると間もなく、自動小銃を手にしたドイツ兵が波止場になだれこんできた。危機一髪だった。沖に出た艦隊は胸を撫でおろす。ドイツ兵は埠頭で地団駄を踏んでくやしがった。やがてイタリア艦隊は水平線の彼方に消えてゆく。

数時間後、艦隊に意外な無電が入った。

「マダレーナ湾はすでにドイツ軍に占領されたり」

明らかにドイツはイタリアの軍艦が米英軍の手中に入るのを恐れたのだ。ベルガミーニ大将は反転、再度外洋に出た。昨日まで敵だったイギリス海軍の基地マルタ島へ逃亡する計画である。その運命はネグラを追われたあわれな小鳥のようなものだった。

一〇年前、ムッソリーニ首相が「われわれの海」と呼んだ紺碧の地中海も、今日はもの悲しい。それでも、戦艦三、軽巡洋艦六、駆逐艦八隻よりなる大艦隊の偉容は、あたりを圧せずにはおかなかった。乗り組みの将兵にも、「俺たちこそイタリア海軍のホープだ」という気負いがあった。非番の水兵は明るい空を何回もふり返り、ドイツ空軍の追跡を心配した。すでに南フランスのプロヴァンスからドイツ第三航空艦隊が次々と発進、勝手に降伏したイタリア艦隊を追いかけていたのである。

やがてコバルト色の大空に大編隊が見えてきた。

「われわれを掩護するため、マルタ島から飛来したイギリス機と思われます」

青年士官が望遠鏡を目にあてたまま報告する。

「よかった。もう大丈夫だ」

ところがそれはドイツ空軍だった。彼らの編隊は意外や空中で「細胞分裂」を行なったのだ。すなわち、飛行機の腹から突如「小さな飛行機」が飛び出し、それがイタリア艦隊に向け、真一文字に突入してきたのである。ちょうど鳥が空中で糞を撒いたような格好だった。

「危ない」

双発のドルニエ17型爆撃機の一機は六四〇〇メートルから旗艦ローマを狙った。そしてフリッツXグライダー爆弾を発射したのである。

マックス・クラマー教授が設計したこの新兵器は爆弾に翼とロケットをつけた重量一・五トンのミサイルだった。そしてこれを大砲のメーカーとして知られるラインメタルボルジク社が生産したのである。

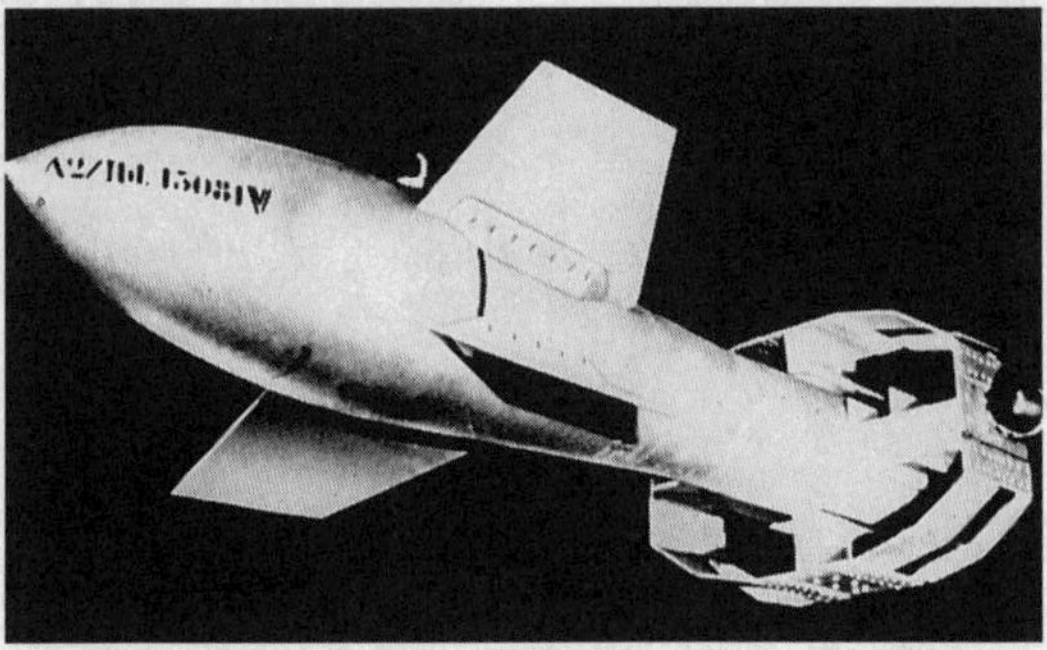

ドイツの無線誘導飛行爆弾フリッツX。夜間戦闘で可視誘導が可能なように、本体には、灯りが点灯するようになっていた。

ドルニエ爆撃機は、このミサイルがやや目標から外れつつあるのを知った。しかし機上には少しも失望の色が見えない。すかさず爆撃手は無線操縦のスイッチを入れる。すると不思議にも滑空中のミサイルは、あたかも「意志ある爆弾」のようにみずから進路を変え、正確に目標を狙いはじめたのだ。

リモート・コントロールである。わずか数秒間のことであったが、この間イタリア水兵はかたずをのんで大空を見上げていた。彼らは腰を抜かさんばかりに驚き、高角砲を撃つことさえ忘れていた。

「あっ、旗艦ローマが危ない」

尻からロケットの火を吐きつつ二発のグライダー爆弾が飛び込んでくる。

すべてが一瞬の出来事だった。一発はボイラー室へ、他の一発は艦橋と前部三八センチ砲との間に命中した。戦艦ローマの司令塔は紙のように、クシャクシャに曲がってしまう。

ふつうの爆撃だったら、上甲板とその下の主甲板とを突き破って、鉄の厚い防御甲板で止まっていただろう。しかしこの新兵器は、ロケットにより時速八六〇キロ――日本の零式戦闘機の一・六倍――もの速さで体当たりしてきたのである。そのうえイタリア海軍は速力を向上させるため、鋼鉄の厚さを薄くする傾向があったから、たまらない。

火災は前部火薬庫にまで移った。

「前部火薬庫に、緊急注水せよ」

マイクがなり立てる。消防班も必死だったが、命中後二〇分もたたぬうちに旗艦ローマは大爆発を起こした。轟音とともに真っ二つに割れたローマは、かき消すようにその姿を波間に没した。

後続の戦艦ヴィットリオ・ヴェネットでは、あまりの惨劇に水兵は呆然として立ちすくんだ。艦長も顔色を失なう。新戦艦ローマは三万五〇〇〇トンの巨艦であったが、それが一瞬にして消え失せてしまったのだ。ベルガミーニ大将以下、一三〇〇名の乗組員が艦と運命を共にし、救助された者は一割にも満たなかった。

かくてドイツの誇る新兵器グライダー爆弾は、その初陣からドラマティックに登場した。フリッツXは史上初の実戦に使用されたミサイルとなった。

このような新兵器を地球の反対側、日本でも考えていたのだ。戦艦ローマの沈没より約一年の後、その着想はまとまった。

ロケットを使用する一種のグライダー爆弾である点と双発爆撃機を母機としてその腹から発射する点とは、日本もドイツの場合と同様であった。

まず日本陸軍は、昭和十九年七月七日、東京、市ヶ谷の陸軍省において今後の航空作戦に関する会議を開いた。大本営参謀の一中佐は、体当たり方針を絶叫する。だが航空本部、陸軍航空技術研究所の士官たちは苦りきった面持ちだった。この席上、技術者たちが無線操縦式のロケット飛行爆弾を提案した。それはドイツのフリッツX爆弾と一脈相通ずるものがあった。

ところが実験の結果、どうも無線誘導装置が思わしくない。アイデアはよいのだが、それを実現させる技量の貧弱さのためだ。ロケットが始動しないこともあった。けっきょく陸軍の新兵器は「研究」に終わっただけで、終戦まで実用にならなかった。

ところが海軍の方は、もっと手っ取り早い方法をえらんだ。彼らには、悲惨な戦況が身にしみていたのである。陸軍案のような理想は追わず、実情に足をドッカリとすえた現実方式であった。

日本海軍のグライダー爆弾とドイツのもの、そのいちばんの相違点は、ドイツが無線操縦を採ったのに対し、わが国では「人間が乗る」という安易な方策によったことだ。

命中率を上げるためには、ぜひとも投下後、コントロールできる爆弾でなければならない。ところが無線操縦を可能とする高度の技術が欠除したことと、莫大な費用を投入するのを躊躇した以上、いきおい「人間操縦」とならざるを得ない。目標から外れて海に落ちそうになったら、これに乗った操縦士が爆弾の舵を操って命中させるわけだ。戦況の窮迫はもはやのんきな実験を許さず、いますぐ使える兵器が欲しかったからである。

そのため、目をつぶって「特攻」という方式を採用するよりほか道がなかった。体当たりがヒューマニズムの精神と真正面から対立するものと十二分に知りつつも……。

第一章　悲劇の兵器

開発への序曲

千葉県の館山駅から車で約二〇分ほど走ると、右手に海が見える。坂を下って左手に水上機を中心とする館山海軍航空隊があり、零戦よりなる第三四一航空隊も一時同居していた。クリーム色三階建ての建物の一室では一人の大佐が瞑想にふけっていた。たくましく日焼けした小柄な男だった。獅子部隊とアダ名された第三四一航空隊司令岡村基春である。大正十一年五月、第五〇期生として江田島の海軍兵学校を卒業した彼はいまや四十三歳。人生でもっともアブラの乗りきった時であった。

岡村大佐は、いくら胸の中にしまっておこうとしても、すぐまた頭をもち上げる「ある考え」と戦っていた。そしてこのアイデアを上司に意見具申するか否かで、迷っていたのだ。「ある考え」とは、飛行機の体当たり戦術のことであった。まだ神風特攻隊が出現する半年も前のことだ。体当たり戦術が有効であるのは、すでにラバウル方面で一部の海軍士官に広く認識されていた。しかしこの恐ろしい言葉をあえて口にする者はいなかった。問題は誰が「ネコの首に鈴をつけるか」である。

あらゆる軍人の中でも、もっとも戦闘的なのは飛行機乗りで、しかもそのうち、もっとも活気あるのが戦闘機の操縦士だという。岡村大佐は闘志あふれる土佐人で、海軍生え抜きのファイター・パイロットだった。彼は昭和七年、初の国産艦上戦闘機九〇式とイギリス流の三式艦上戦闘機とどちらが強いかを実験したことがあった。もちろん当時は布張りの複葉機だ。また二期下の源田実中尉を仲間として横須賀航空隊で曲芸飛行をやったこともある。世に「源田サーカス」というのがこれだ。

要するに岡村大佐は海軍戦闘機を開発した人物だったのである。だから、すでに「俺がいわねば……」という気持になっていたのだ。

たまたま昭和十九年六月十六日、マリアナ諸島のサイパン島に米軍が上陸した。

「あ号作戦」が発令された。第二航空艦隊司令長官福留繁中将は、千葉県香取から、自己の指揮下にある第三四一航空隊を視察するため、館山へその姿を現わした。六月十九日のことである。

「いまこそ、絶好のチャンスだ」

岡村大佐がこの機会を失するはずがなかった。丸々と太った福留中将は開戦前、山本五十六大将の下で連合艦隊参謀長を勤めた英才であった。彼の発言力は偉大だ。したがって岡村はこの人を動かすことさえできれば、自分の計画は半ば実現したのと同じだと考えていたのだろう。

「下り坂の戦局を打開するには、飛行機の体当たり以外にないと信じます。体当たりの志願者はいくらでもあります。隊長は私がやります。三〇〇機ほど与えて下さるならば必ずや戦勢を挽回させて見せます!」

平素、無口な岡村大佐も、この時ばかりは雄弁だった。巡視にきて意外な意見を聞かされた福留中将は驚いた様子だった。しかしこの下からの突き上げを内心うれしく思ったに違いない。

四ヵ月の後、フィリピンで旧友の大西瀧治郎中将（第一航空艦隊司令長官）から「君の隊からも特攻機を出してくれ」といわれたとき、一応は断わった福留中将である。岡村大佐に目をやった福留中将は、ややあって静かに答えた。

「今度、上京したとき、大本営に君の意見を伝えておこう」

戦局挽回のため特攻計画を推進、桜花隊の司令となった岡村基春大佐。

部下からの意見申告など、そのまま忘れ去ってしまうことが多い。しかし福留中将は約束を果たしたのである。

数日後、東京・日比谷にある赤レンガの海軍省に一台の自動車が止まった。福留中将が軍令部次長伊藤整一中将に例の件を話しにきたのだ。伊藤中将は一年後、第二艦隊司令長官として戦艦「大和」と共に劇的な最後を遂げた人物である。

「軍令部総長にも申し上げ、研究はするが、自分一個人の考えとしては、まだ体当たりを命ずる時機とは思わぬ」

伊藤次長の答えは、こうであった。

その後、岡村大佐は直接、中央の航空関係者を介して特攻の採用を再度、述べている。

彼と前後し、マリアナ沖海戦で航空兵力の差をイヤというほど見せつけられた空母「千代田」の艦長城英一郎大佐も、上層部に対し、

「もはや通常の攻撃をもってしては、優勢な敵空母を倒すことはできない。すみやかに体当たり飛行隊を編成し、自分をその指揮官とされたし」

と申し出た。しかし、これも実現せずに終わった。貴公子然とした細面の城大佐も、十九年十月二十五日、レイテ湾をめぐる海戦で艦と運命を共にしたからである。

これらは、兵学校出の「プロの軍人」から出た希望であった。

ところが同じ頃、水兵上がりの軍人からも、特攻の採用を望む声があった。その名は大田正一。厚生省の資料によると「大正元年生まれ、昭和三年に海兵団へ入団」とあるから、当時三十二歳。三等水兵からたたき上げられた特務少尉だから、海軍の飯を十数年も喰ってきたベテランである。(特務とは専門の学校を出ず、水兵から一つ一つ上がって、士官となった者につける用語)

彼は途中から飛行科を志願した。そして大平洋戦争が始まると木更津空付となり、十八年後半には特務少尉に昇進し、第十一航艦司令部付となっていた。

昭和十九年の七月、大田特務少尉は第一〇八一空付であった。その彼が親子飛行機を発案、親飛行機から放たれた子飛行機に体当たりをさせようといい出したのである。もちろん親子共に人が乗るのだ。

がんらい彼は飛行士上がりで、技術者ではないから航空機の設計などできるわけがない。そこで彼は、自分のアイデアを記して東京渋谷にある東大の航空研究所に図面の作製を依頼した。日本人にはめずらしい発明趣味である。

広い庭とコゲ茶色の塔をもつ航空研究所では、いそがしい仕事の最中ではあったが嫌な顔もせず図面を作ってくれた。鬼の首でも取ったように大田特務少尉は喜んだ。彼はこの図面と親子飛行機の詳細とを神奈川県横須賀の海軍航空技術廠へ送った。

戦前、イギリスのショート社が作ったサンダーランド大型四発飛行艇が、背中に小型水上機をおんぶしたことがあったが、これとていまだ実験の域を出なかった。

岡村大佐と大田特務少尉とはおそらく面識もなかったに違いない。しかし岡村の「隊作り」と大田の「特攻機作製」とは不思議にタイミングよく一致したのだ。海軍の上層部でも、この両者を結びつけるのは容易であったろう。いいかえれば、昭和十九年八月こそ、日本海軍の各方面に特攻思想が芽生えたときだったのである。

特攻兵器の親子飛行機を発案し、上層部に提出した大田正一特務少尉。

すでにこの四ヵ月前、嶋田繁太郎軍令部総長は、艦政本部および航空本部の技術陣に九種類の特攻兵器を提案、研究させていたのだ。九種の中、四番目のものは特攻艇震洋であり、六番目のものが人間魚雷回天である。だから特攻親子飛行機が提出されたからといって、いまさら驚くような状況でもなかったのだ。

新任の軍令部総長及川古志郎大将は戦前、海軍大臣もやった人物である。新潟県出身、六十一歳の彼は早速、大田特務少尉の案を検討させた。結果は、「かなりいける」ということになった。チョビ髭を生やした及川大将は気をよくした。

そのころ、大田正一特務少尉は軍務の閑をみて上京、日比谷公園の裏の海軍航空本部を訪ねた。それは赤レンガの海軍省構内にあった。

彼は航空本部長塚原二四三中将に面会を申し込んだ。一下級士官にすぎない大田特務少尉に面会のチャンスを作った塚原中将も大人物であった。マユ毛の太い塚原中将は開戦時、第十一航空艦隊司令長官としてマレー作戦を勝ち抜いた人物である。その彼が三年後の今日、こんな自殺機を黙認せざるを得ぬほど、戦況は悪化していたのだ。航空本部長は航空機の準備、保管、供給の最高責任者である。彼の前に大田少尉は直立の姿勢をとった。そのとき、少尉は相手が軍装の片方の袖をブラブラさせているのに気がついた。塚原中将は日華事変に従軍して中国空軍機の奇襲を受け、片腕を失っていた。

大田特務少尉の意見具申は次第に熱を帯びてきた。

「これ以外に祖国を救う道はありません。もちろん、私も真っ先に体当たりします」

彼の熱意は塚原中将を動かさずにはおかなかった。塚原中将はグライダー爆弾の出現を後援しようと腹を決めた。

大田少尉の航空本部出願は、ちょうど人間魚雷回天の考案者黒木博司中尉がその採用を軍令部総長に「直訴」したことに似ている。

かくて「新兵器」出現の地盤はいよいよ固まったのである。

桜花、誕生す

海軍中央では昭和十九年八月、ついに特攻機の生産に踏みきった。

もちろんこの新兵器は秘密にしなければならない。したがってその名も秘称か暗号を用いる必要があった。一般に海軍では黒板などに人の名を書くとき、その名前の頭文字を、士官ならマルで、下士官は三角形でかこみ、水兵なら字の下に横線を引く習慣があった。こうすれば一等水兵の佐藤か、兵曹の佐藤か、あるいは佐藤少尉のことかが一目でわかるからである。だから体当たり特攻機は提案者大田特務少尉の頭文字からマル・ダイ㊅と呼ばれるようになった。マル・ダイならば、たとえスパイに書類を見られたとしても、何のことかサッパリわからないからである。

しかし、制式の航空機として大量生産に移る以上、海軍自身の正規の技術者があらゆる立場から吟味し、設計したものでなければならない。マル・ダイは空技廠であらためて設計されることとなった。

神奈川県横須賀市の北西に追浜という一角がある。昭和七年四月、ここに海軍空技廠が創設され、十四年四月に航空技術廠と改称された。略して空技廠と呼ばれるこの機関は戦前、航空本部長であった山本五十六少将が育成した海軍航空研究のメッカである。航空技術廠は高度の技術実験設備を持ち、民間飛行工場への指導を行なうのみならず、自らも新鋭機を試作する機関であった。飛行機ばかりではない。カタパルトや爆弾、空母への着艦装置、エンジンなども試作、考案していたのである。また空技廠自体でテスト・パイロットを抱えていたほどの豪華さで、有名な風洞実験装置も持っていた。戦争末期には、職員一七〇〇名、工員三万一七〇〇名という大組織にふくれ上がっていた。

当時の空技廠長は和田操中将であった。彼は大佐時代、世界に先駆けて零戦に二〇ミリという大型銃を採用させた人物として知られている。列国ではまだ七・七ミリあるいはやっと一二・七ミリ機銃を搭載していた時代だ。戦争初期に、日本海軍が太平洋の制空権をにぎることができたのは、実に彼の卓見によるといっても過言ではあるまい。彼は明治四十四年に江田島の海軍兵学校を卒業し、特攻隊の創始者大西瀧治郎中将より一期上のクラスだった。

さて昭和十九年の夏、用兵者側から特攻機の製作を命ぜられた彼は、いかにも頑固者らしく釘をさした。

「よろしい。作れというなら作りましょう。しかし、こちらが制空権を把握していなければ使いものになりませんぞ」

彼は「戦闘機の掩護が十分でなければ成功の公算が少ないこと」に念を押した。和田操中将は、マル・ダイの悲劇をすでに看破していたのだ。

和田中将から検討を命ぜられた飛行機部設計課の三木忠直技術少佐は、マル・ダイの構造図を見せられるやいなや顔色を失った。それには無線誘導装置がついておらず、人間が乗って舵をあやつりながら命中させる仕組みなのである。

「素人が考えた、こういう新兵器を、専門家の立場から設計しなおせ」

これは至上命令であった。

軍隊という所は——とくに日本の軍隊では——上からの命令は絶対である。好むと好まざるとにかかわらず、三木技術少佐は作らねばならなかった。

設計課の主任は山名正夫技術中佐であったが、マル・ダイの主務設計者は三木少佐と決定した。この二人のコンビは、すでにアメリカ兵を恐れさせた高速爆撃機銀河を産み出していた。三十八歳の働き盛りである山名正夫中佐は一三年前、東大工学部、航空学科を卒業、工学博士として母校の東大でも教鞭をとっていた。眼鏡をかけた彼の頭脳から、有名な艦上爆撃機彗星も誕生したのである。（なお彼の片腕ともいうべき三木忠直工学博士は、戦後、国鉄技術研究所で、世界に誇る新幹線を産み出した。新幹線には、高速爆撃機銀河で研究された流体力学の資料が十二分に活用されていると聞く）

桜花使用に際し、掩護戦闘機の充実を表明した空技廠長の和田操大佐。

三木少佐が設計を開始したのは、昭和十九年八月十六日のことであった。奇しくもこの前日、連合軍は地中海の南フランスに上陸作戦を開始したが、ドイツ第三航空艦隊は例のグライダー爆弾を再度使用して反撃、LST282号（一六〇〇トン）を擱座させていたのである。

すでに八月五日には、小笠原諸島に米空母機が大挙押しよせ、日本本土も危うくなった。とにかく、仕事は急がねばならない。一刻も早く欲しい新兵器なのだ。

かくて技術陣の不眠不休の努力が始まった。過労で倒れた者もいる。空技廠では、他の重要な研究や航空機の生産にも増してマル・ダイの設計を優先させた。空技廠飛行機部長佐波次郎技術少将（機関学校二四期）みずから現場で激励したほどの熱の入れようであった。たまたま九九式艦上爆撃機や彗星のメーカー愛知航空機の技師たちが連絡のため、名古屋から横須賀にきていたが、これ幸いとばかり空技廠では彼らにも仕事を割り振った。ネコの手も借りたいようないそがしさだった。

これらよき協力者を得て、マル・ダイはたちまち設計を終わり、九月の中旬には一号機が完成した。たった一ヵ月という驚くべき短期間だった。これは同機が複雑なガソリン・エンジンを積まなかったこともある。

でき上がったものは、翼幅わずか五メートルという小型機で零戦の半分。重量も〇・四トンで零戦の四分の一にすぎない。しかし注目すべきは、八〇〇キロの爆薬を積み、搭乗員が乗り込むと二・一トンにも上り、全備重量二・七トンの零戦よりわずかに軽いだけとなる点であった。マル・ダイは「空飛ぶ爆弾」とも形容すべき、翼の短いグライダーだったのである。

空技廠が要求された条件の中には、

「生産の容易なること」

という一項があった。がんらい空技廠設計の航空機は民間航空機会社のものより精密で、製作にひまがかかり、工作が面倒だった。いわば名人芸ですばらしいものを作ったわけである。

マル・ダイは、緊急にそのうえ大量を必要とした。しかし敵潜水艦のため、南方占領地域から戦略物資を積んでくる貨物船はつぎつぎと沈められる。したがって原料、材料も十分ではなかった。

完成したマル・ダイは、主翼も尾翼も木製だった。原材料の不足がこうせざるを得なかったのだ。イギリス空軍が、機体を軽くするため、木製の双発モスキート戦闘機を製作したのとはわけが違う。木ならば材料が入手しやすいばかりでなく製作も容易だという利点があったからだ。一部にはブリキ張りのものさえあった。しかしロケットを尻部に乗せる関係上、胴体だけは貴重なアルミニウム合金を使用せざるを得なかった。その胴体さえ単純で作りやすい円筒型だった。製作工数を普通の戦闘機の一〇分の一程度におさえたのである。

桜花の設計を担当した三木忠直技術少佐。名機銀河の総括主務である。

マル・ダイの方向舵（垂直尾翼）は左右一対となっていた。陸海軍を問わず、日本では二枚の方向舵をもつものは少なかった。

これに該当するのは、九七式飛行艇と九六式陸上攻撃機および陸軍の一式貨物輸送機くらいのものであろう。マル・ダイがあえてめんどうくさい双式垂直尾翼を採用したのは、親飛行機の腹の下に吊り下げられるとき、頂部を親飛行機にぶつけないための配慮なのである。

胴長のマル・ダイは、上から見るとドイツのジェット・ミサイルV1号を偲ばせるものがあった。

大戦末期に登場した日本海軍の有人グライダー爆弾「桜花」。頭部に800キロの爆薬を搭載し、ロケット噴射によって敵機の追撃を振りきって突入する。

三ヵ月前からロンドンを破壊していたV1号と比べ、寸法ではマル・ダイの方がやや小さいが、全備重量では大差なかった。

日本海軍では、機種の制式名のほか、愛称をつける習慣があった。マル・ダイはたんなる暗号名で、航空機としての呼び名ではない。そこでこの特殊機にどういう名前をつけるかが問題になる。彩雲、瑞雲などのように「雲」の名は偵察機に、紫電、雷電など「電」は戦闘機に、攻撃機は「山」をつけるとおよその命名基準は決まっていた。しかし「体当たり機」などという代物は世界の航空史上、初めてのことだから、絶対にその正体をかくす必要があったのである。

マル・ダイは機密兵器なのだ。そこで練習機に見せかけ、花の名をつけた。

戦時中に設計された海軍の練習機は、白菊、紅葉などやさしい花の名がつけられていた。マル・ダイは本居宣長の和歌にちなみ、「桜花」と命名されたのである。次期に製作されたジェット戦闘機にも、機密保持のため「橘花」という名前がつけられている。

空技廠の第二工場で誕生した桜花に目をやり、技術者たちはつぶやいた。

「恐ろしいものができたものだ」

それは貪欲な怪魚にも似た面がまえであった。

かくて桜花の第一陣として五〇機が生産に入ったのである。こうなると、坂の上から転がり出した石のように勢いづいてしまい、とどまるところを知らなかった。何人ももはや「特攻」へのブレーキをかけることなど、できなくなったのだ。

日本海軍のロケット

さて、桜花はグライダーの一種だと見られるが、滑空時の最高時速は四六〇キロがせいぜいであった。

もちろんこの値はグライダーとしてはおそろしく早い。速力を出すために翼の面積を極力小さくし、そのうえ爆弾という大きな「おもり」を機首に備えたからだ。

ところがアメリカの戦闘機コルセアの時速六八〇キロ、グラマンF6Fの五九〇キロという速度を考えてみると、たちまち追いつかれて機体は機銃弾で蜂の巣のようになってしまうに違いない。だから空技廠に要求された条件の一つに、「敵戦闘機に喰いつかれた場合、これを振り切るのに十分な速力」という一項が入れられていた。

グライダーが飛行機にかなうわけがない。そこで空技廠ではロケットを桜花の尻に装備することを考えた。これはたんに速力向上のみを目的としたものではない。

母機から放たれた桜花が下降中、どうしても距離が足りなかったり、あるいはもっと大きな餌物が遠方にあるとわかった場合、ロケットを噴かすことによって目標に到着し得るからである。すなわちロケット機関の装備は、いろいろな意味で特攻戦士の犬死にをなくし、攻撃を有効なものとするのだ。

およそロケットの燃料には、液体と固体（火薬）の二種類がある。大田特務少尉自身は当初、動力として液体ロケットを頭にえがいていた。液体燃料という点ではドイツのVロケットと同じだ。しかし液体燃料は、いかなる形態のものを用いても取り扱いが面倒で、事故を起こしやすい欠点があった。

大田案は、液体燃料の内容として濃縮過酸化水素と水化ヒドラジンとを採用する計画だった。消毒剤オキシフルにも使用される過酸化水素は、ドイツ海軍がワルター機関と称してU4501型（八四〇トン）潜水艦の燃料に用いようとしたものだ。このように軍艦さえ動かし得る燃料であるが、過酸化水素はとかく取り扱いがむずかしい。他方、水化ヒドラジンの方は化学反応の際、分解を促進する役割を果たすだけのものだ。

過酸化水素と水化ヒドラジンのコンビは、B29迎撃用のロケット戦闘機秋水に初めて使用されるものだが、準備が面倒で、終戦直前、やっと実用の域に達したにすぎない。けっきょく日本海軍はロケットの燃料として液体のものに失敗したといえよう。

しかし幸いにも、日本海軍は以前から固体燃料（火薬）の研究を怠らなかった。ロケット用の火薬はゆるやかに燃焼するものでなければならない。急激に燃焼させれば爆発してしまうからである。

昭和十年、日本海軍は呉式二型カタパルトを作って「青葉」級以後の重巡や戦艦に搭載したが、このカタパルト（水上機射出機）はゆるやかに燃焼する型の火薬を使用していたのである。その後、戦艦「大和」や水上機母艦「日進」に積まれた一式二号カタパルトも、圧搾空気を使用せず、ロケット用に近い火薬を用いていた。したがって化学的な成分の検討は、すでに実験済みだったのである。

そのほか、意外なところから日本海軍はロケットの研究に熱を入れた。否、熱を入れざるを得なかったのだ。

戦争初期の九七式艦上攻撃機に代わり、新鋭の天山を護送空母「大鷹」（一万七八〇〇トン）クラスに搭載したときのことだ。機体重量の増加で、天山は短い飛行甲板から飛び立つのがやっとだったのである。風がないときには空母からの発進さえできない。

せっかく多額の費用をかけて商船から空母に改造しても、飛行機が飛び立てなければ宝の

『桜花』一一型（MXY7）三面図（寸法単位mm）

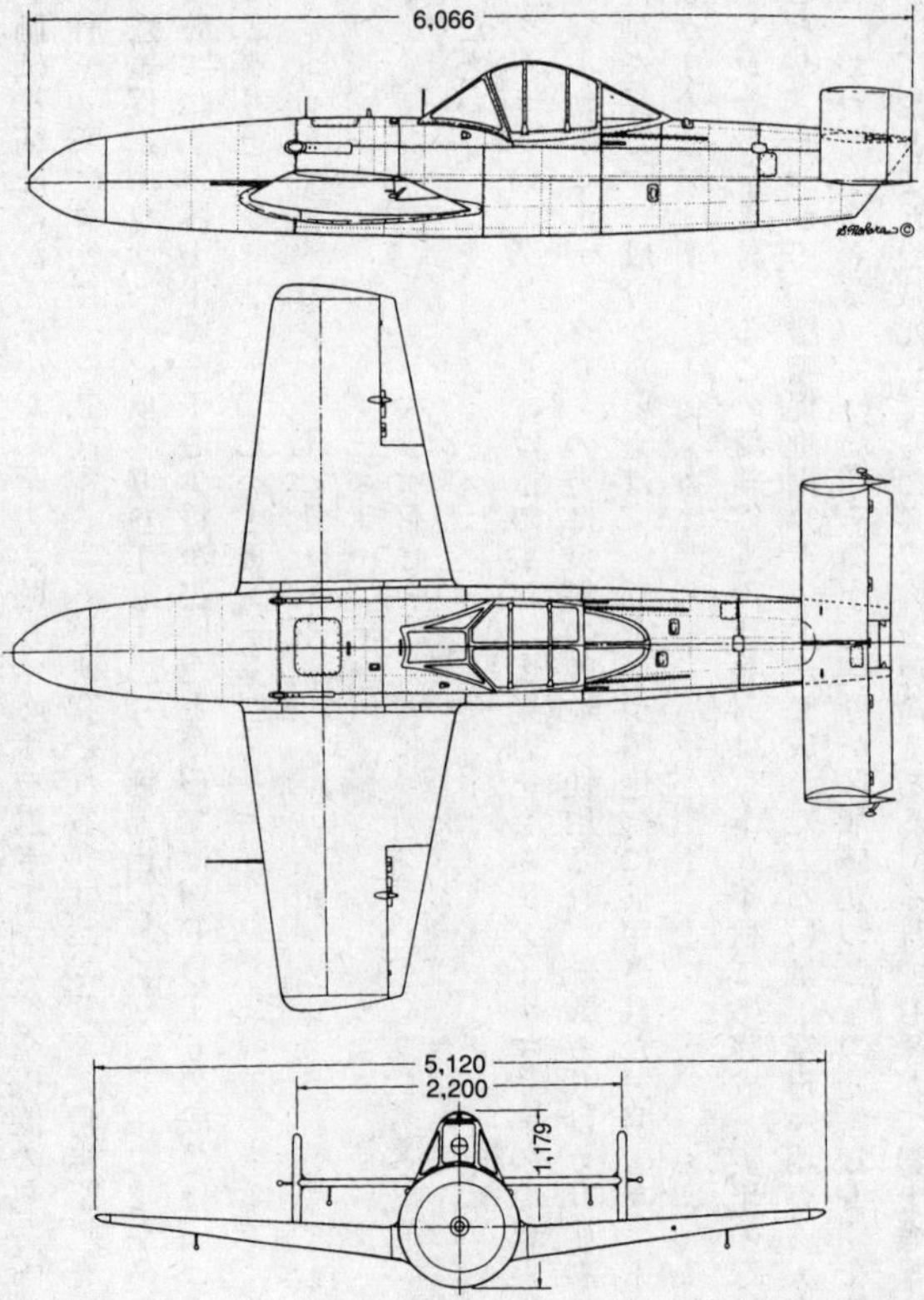

持ちぐされだ。

用兵者側は技術陣に泣きついた。そこで昭和十八年を過ぎてから、空母機の左右両翼と胴体下部の計三ヵ所にロケットを装備することが研究される。けっきょく、滑走距離を短縮するための離艦促進用ロケットには、FDT6という火薬が用いられることとなった。『機密兵器の全貌』に工学博士千藤三千造少将が書いたところでは、FDT6の成分は、

ニトロ・グリセリン　二七パーセント
モノ・ニトロ・ナフタリン　七パーセント
硫酸カリ　三パーセント
混綿薬　六〇パーセント

であったという。

このうち、ニトロ・グリセリンはものすごい爆発力をもち、ダイナマイトの原料となるものだ。モノ・ニトロ・ナフタリンの方は染料の製造に使用され、硫酸カリはカリ肥料として重要な役割を果たす。成分からいえば、一二センチ噴進砲に使用された三号ロケットの火薬より硫酸カリの分だけ多い。

四式一号ロケットと称するこの離艦促進用新兵器は、十九年秋ごろ完成、実用の域に達した。ところが、せっかくの離艦促進用ロケットが完成したころには、空母を用いる大海戦のチャンスはまったくなくなっていた。そのうえ空母から飛び立つことのできるような熟練パイロットは、ことごとく戦死していた。皮肉な運命である。それでもやがて艦上爆撃機彗星や一式陸上攻撃機、後期の零戦などに装備されて、空中戦の際、スピードを増す目的に使用

『桜花』一一型 胴体内部配置図

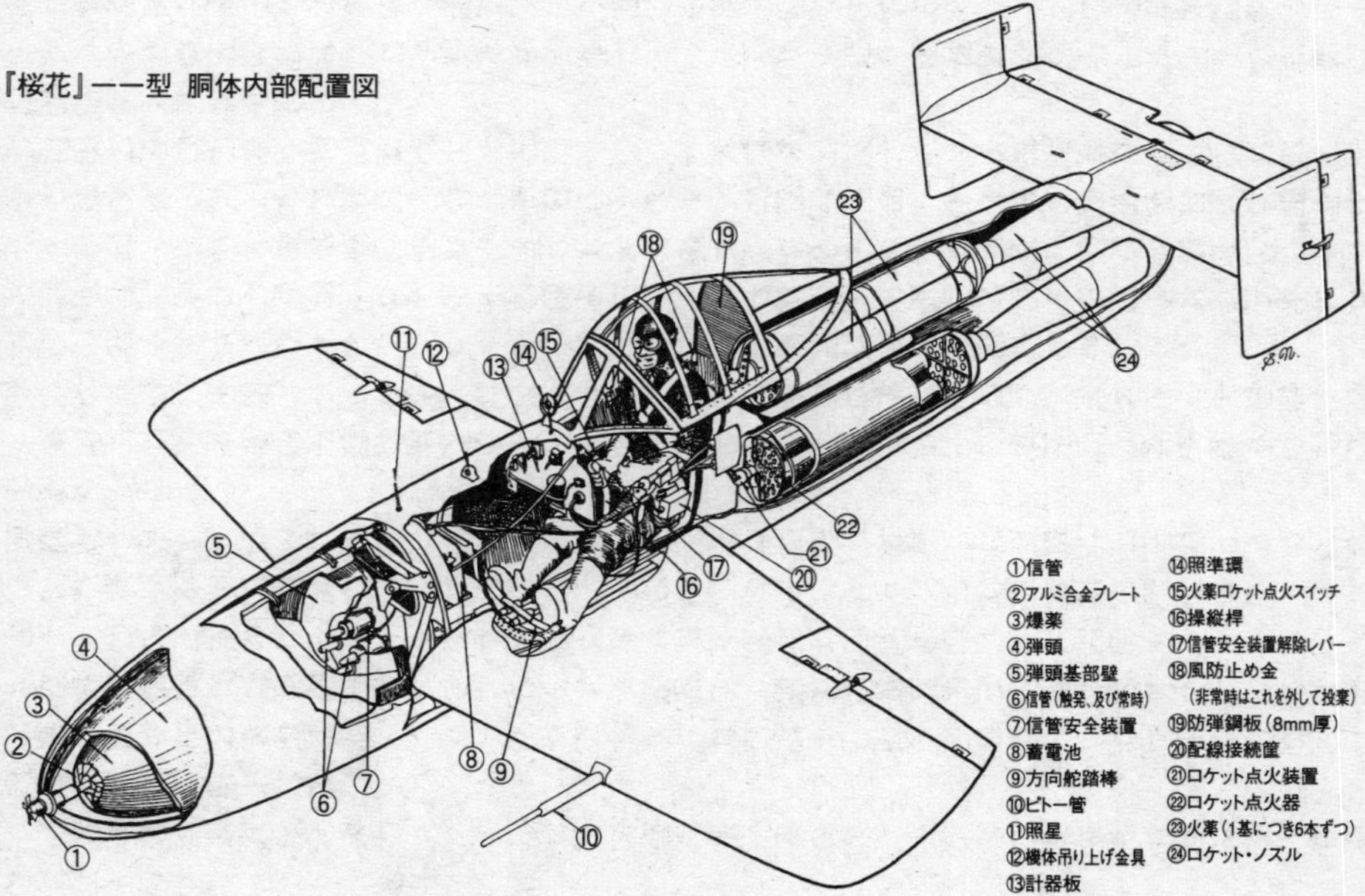

①信管
②アルミ合金プレート
③爆薬
④弾頭
⑤弾頭基部壁
⑥信管(触発、及び常時)
⑦信管安全装置
⑧蓄電池
⑨方向舵踏棒
⑩ピトー管
⑪照星
⑫機体吊り上げ金具
⑬計器板
⑭照準環
⑮火薬ロケット点火スイッチ
⑯操縦桿
⑰信管安全装置解除レバー
⑱風防止め金
(非常時はこれを外して投棄)
⑲防弾鋼板(8mm厚)
⑳配線接続筐
㉑ロケット点火装置
㉒ロケット点火器
㉓火薬(1基につき6本ずつ)
㉔ロケット・ノズル

されたという。

筒状をした四式一号火薬ロケットは、神奈川県平塚の第三火薬廠で製造されたまま、倉庫内にうず高く積まれていた。

「そうだ。あれを使おう。どうせ空母が沈められたいま、使い途はないロケットなのだ」

空技廠の職員は廃物利用でもするような気持で、桜花の後部に三本ずつのロケットを装備した。この三本のロケットを次々と点火すれば、速度は四割も増して六四〇キロとなり、ましてや急降下時には九〇〇キロ近くにも上るのである。もう、こうなればいかなるアメリカ戦闘機も手がでない。事実、沖縄戦で飛行中、敵戦闘機に撃墜された桜花は一機もなかったようだ。

後期には、尾部の三基だけでなく、普通の飛行機のように左右の翼下にも各一基をつけて桜花の航続力を増したという。ロケットの点火は操縦桿の先についた電気スイッチを押すだけというかんたんなもので、ロケット・エンジンの温度計が操縦席についていた。

しかし、隊員たちは「ロケットに頼るな」といわれた。三角型に積み重ねられた三本のロケットは、直径わずか一〇センチという玩具のようなもので、たった一〇秒で燃え切ってしまうのである。三本で計三〇秒。かげろうのように短い生命、すなわち桜花が自力で推進力を出すことのできる時間はわずか三〇秒で、その前後はグライダーにすぎない。これほど悲劇的な特攻兵器があろうか。

桜花より約五ヵ月おくれて陸軍も「剣《つるぎ》」というブリキ張りの特攻機を作った。それは離陸時に貴重品であるゴム車輪を捨てていく悲しい簡易型機であるが、それでも隼戦闘機と同じエンジンをもち、二時間は飛ぶことができたのである。

だいいち、桜花は自分では飛び立てず、母機に抱きかかえられ、運んでもらわなければならない点からして、すでに悲劇的であった。

四式一号ロケットは、一本の平均推力が六五〇キロしかない。その数値は、一二センチ対空ロケット砲として戦艦「日向」や空母「瑞鶴」に積まれたものより、もっと弱かったのである。

ロケットの地上噴射テストは昭和十九年十一月六日に行なわれた。設計開始より約二ヵ月の後である。場所は海軍航空隊発祥の地、追浜航空隊で、空技廠とはすぐ隣りにあり、いろいろ好都合なことも多かった。

ロケットを尾部に装備した桜花第一号が飛行場の片隅に引きだされ、各種の測定器も運びだされる。職員たちは結果やいかにと胸をときめかした。ロケット自体には問題ないはずだが、桜花につけた場合、うまく作動するだろうか？

轟音とともに噴出孔から秒速二〇〇〇メートルものガスが飛びだしてきた。実験は大成功だった。関係者はホッと安堵の胸をなでおろした。なかでもいちばん喜んだのは主務設計者の三本忠直技術少佐と、彼の下で性能関係を担当した鷲津久一郎技術大尉であったに違いない。

二週間後、ロケットの再試験が行なわれ、白煙と砂塵とが追浜飛行場をおおった。

「もはや何もいうことはない」

あとはただ、隊員の人づくりだけだった。

台湾での出来事

日本から飛行機で七時間、北回帰線の下にある台湾は大戦中、本土と南方占領地区とを結ぶ中継地として使用されてきた。その西南岸には台南という町がある。台南はちょうど日本の京都を偲ばすほど名所や旧跡に富み、鼻筋の通った美人の多いところでもあった。

開戦時、台南航空隊の零戦はバシー海峡を越え、フィリピンを攻撃したものだった。撃墜王として有名な坂井三郎中尉も以前、この部隊にいた。

しかし、かつての台南航空隊はすでになく、代わって昭和十八年の四月から練習航空隊がここに配置されていた。ヒナドリに戦闘機、攻撃機、爆撃機の操縦を教え、一人前のパイロットを養成する一種の学校だ。生徒たちの内容は雑多だった。いちばん多いのは予科練（飛行予科練習生）出身者であり、大学をくり上げ卒業し、軍隊に入った第一三期飛行予備学生がこれに次いだ。そのほかに一般の水兵から航空科を志願した者の姿も少数ながら見受けられた。彼らは約半年の飛行教育を受け、数日の後には卒業式を迎えるところだった。

台湾沖航空戦も数日後にせまった昭和十九年十月八日のことである。夕食も終わり、夜のトバリが基地をすっぽりと包んだころ、スピーカーが叫んだ。

「搭乗員、武道場に集合」

こんな時間にはめずらしいことだ。二十歳を過ぎたばかりの青年たちは、たがいに顔を見合わせ不吉な胸騒ぎを感じつつ集合した。

　やがて眼鏡をかけた細面の高橋俊策大佐が現われた。特攻隊生存者の一人である鈴木英男大尉によると、当時の模様を次のように記している。


　台南航空隊の司令である高橋大佐は壇上に上るやおもむろに、

「親一人、子一人の者は外へ出ろ」

と口を開いた。

あたりは水を打ったように静まる。一種、異様な雰囲気だった。

次に彼は、

「長男は退出せよ」

と、あたりを見回しつつ、静かにいった。

また数名の足音が次第に小さくなって行く。純粋な青年たちは思ったに違いない。

「これから大作戦が展開されるのだな？」

あたりを見回した高橋司令は叫んだ。

「いま、内地で一中必殺の新兵器を考慮中である。この度、その搭乗員を全国の航空隊より募集することとなった。種々の事情もあることだろうから、よく考えて希望者は飛行長、分隊長まで申し出てもらいたい」

　彼は血走った目で一同に目をやると、足早に出ていった。

　がんらい高橋大佐は弁の立つ詩人であり、ロマンチストであった。日華事変中、空母「加賀」に乗り、大平洋の波濤が朝日に輝くのを見て作った詩が有名な「月月火水木金金」の歌なのだ。

その彼が、感情に訴えるような、切々とした口調で語ったのである。もちろん体当たりという語はどこにも見当たらない。まして「ひとたびその新兵器の人となれば必ず死ぬ」ことなど、説明されるはずがなかった。解放された若人たちは、昂奮に胸をときめかしつつ冴えた秋月を見上げた。

翌朝、かなり多くの者が上司にその志願方を申しでた。約一ヵ月の間に彼らは内地の百里ヶ原へ送られた。

それなら多くの飛行学生のうち、台湾で教育を受けた者からだけ特攻要員を募集したのだろうか。否。一ヵ月半前の十九年八月末、茨城県の土浦航空隊と奈良航空隊ではすでに人間魚雷回天の隊員を募集していた。そして第一三期甲種予科練一〇〇名ずつが選抜されていたのだ。同じく十月には特攻艇震洋の操縦者が集められる。奈良航空隊から五〇〇名が志願し、この月の末には九州へ送られていた。これらの連中は十八歳そこそこの少年兵だから、台南航空隊の場合よりもまだ若い。彼らに対しては、せっかく飛行機の操縦を覚えても乗るべき飛行機の生産が間に合わず、また飛ぼうにもガソリンがなくて飛べないこと。したがって艇に乗る特攻隊員になってもらいたい旨が述べられた。だから回天隊員の中には、飛行兵でありながら人間魚雷に乗って海中を走ることになった者もいたのである。

回天やベニヤ板張りのモーター・ボート震洋に比べれば、桜花はまだ空を飛べるだけ、青年たちの志望に近いものであったかも知れない。

甲種飛行予科練習生の教育は一年半で終わるが、このときはまだ飛べない。彼らは徴兵年齢に達する以前に大空にあこがれ、自ら志願して昭和十八年秋、軍人となった者たちであった。それからいよいよ半年の飛行コースを学ぶのである。だから桜花隊よりも以前に軍はいちばん抵抗の弱い、物事の批判力のない少年兵から先に特攻要員を募集したのである。若人の情熱に訴えることが最も容易な方法だったからである。

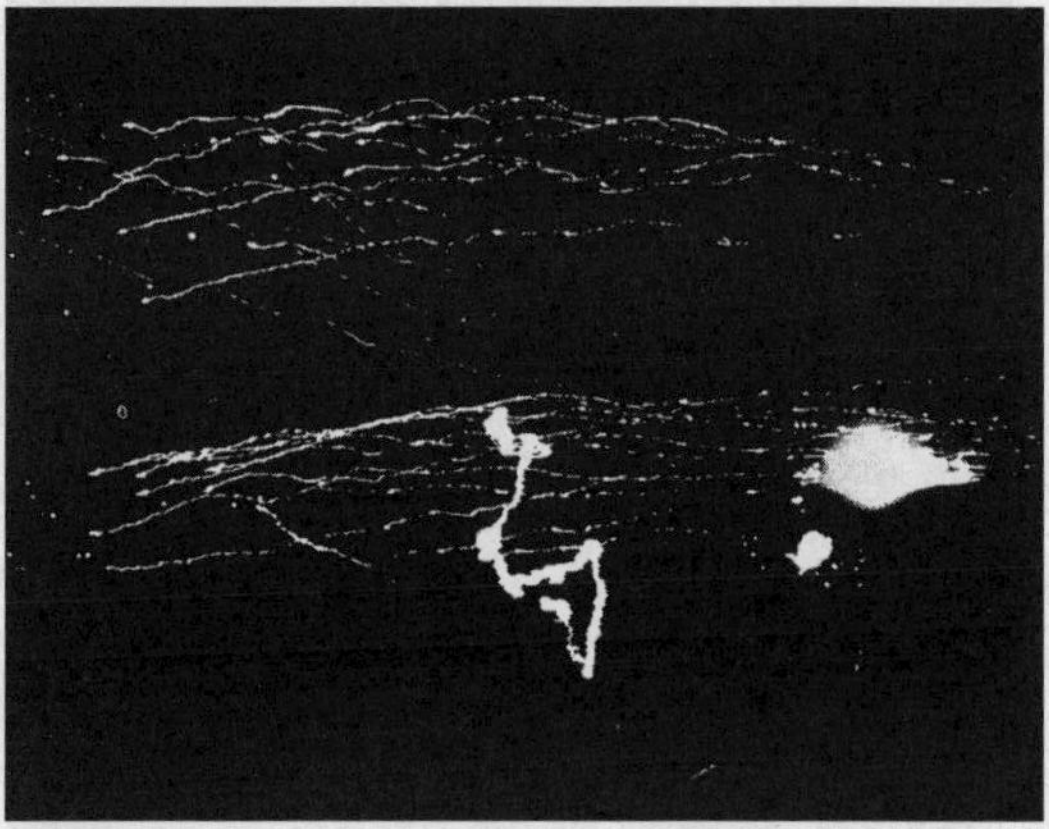
昭和19年10月12日、台湾沖航空戦での夜戦。細く飛び交うのは米軍の対空砲火、S字状のものは撃墜された日本軍機である。

桜花隊員募集より四日後の十月十二日、台湾は米第三十八機動部隊による大空襲を受けた。なにしろ空母一六隻、空母機一二八〇機をも数えるインヴィンシブル・アルマーダ（無敵艦隊）なのだ。その前日にはフィリピンや沖縄が痛打されている。

たまたま前線視察のため、台湾に飛来していた連合艦隊司令長官豊田副武大将は「捷一号作戦」を発令し、これを迎え撃つ命令を下したのである。

内地から日本海軍航空部隊のほとんどが、次々と南下した。全力を挙げての決戦である。

その南下兵力の主力は、日本海軍のホープ第七六二航空隊だった。

　第七六二航空隊は一式陸上攻撃機と銀河の二種よりなっていた。俗にT部隊といわれた第七六二航空隊は、九州鹿屋の基地から出撃、一部は沖縄や台湾の飛行場に前進して、米空母に殺倒した。

　台湾沖航空戦といわれるのがこれである。しかし、いたずらに犠牲を見るだけで、実際には米空母に一指をも触れることができなかったのである。

レイテ沖海戦と特攻隊

　十月十七日、フィリピンのマニラ郊外北方のクラーク飛行場へ陸上攻撃機一機が着陸した。攻撃機のとびらが開くと、丸顔の海軍中将がのそのそと降りてきた。明治四十五年、海軍兵学校を四〇期生として卒業した大西瀧治郎中将である。

　彼は生え抜きの飛行機乗りであった。パラシュートで飛び降りたこともある。前大戦では広いインド洋でドイツ仮装巡洋艦ウルフを捜し求め、行方不明になった日本郵船の常陸丸を捜索するため複葉の布張り水上偵察機も操縦した。

　たとえ士気が落ちた航空部隊でも、彼が司令として陣頭指揮をすれば、たちまち精気をとりもどしたともいう。真珠湾奇襲の骨子を立てたのも彼だった。そして今回のフィリピン防衛作戦で、彼は、第一航空艦隊司令官として着任したのである。航空艦隊といっても空母はなく、陸上を基地とする飛行隊の集団のことだ。思えば彼は気の毒な男だった。本来、第一航空艦隊といえば二〇〇機以上もの大部隊であるはずだ。しかし、数日来の台湾沖航空戦で基地にあった航空隊はほとんど米空母の奇襲を受けて全滅、戦力としては第二〇一航空隊の零式戦闘機二三機が残っているだけであった。

名前だけの航空艦隊司令長官となった大西中将には二つの道が残されていた。一つは、飛行機がないから戦えないと、六日後に迫ったレイテ沖海戦を傍観すること。他の一つは、後世、批判の的となることを十分承知の上で、ヒューマニズムに真っ向から対立する戦術を採用することであった。

そして大西瀧治郎は後者をえらんだのである。

零戦による体当たり攻撃を実施させた一航艦司令長官大西瀧治郎中将。

幸か不幸か第二〇一航空隊は急降下爆撃機の不足を補うため、戦闘機に爆弾を搭載、投下する訓練を重ねていた。したがって体当たりへのお膳立てはすでに整っていたのである。当時のパイロットの技量では、上空から爆弾を投下してもほとんど命中しない。そうなると命中率を上げる方法はただ一つ、自ら爆弾を抱いて突入することだ。

大西は、一度、思い立ったら、すぐ実行しなければ気のすまぬタイプであった。彼は前任者の寺岡謹平中将から未だ事務の引き継ぎも終わらぬうち、黒い自動車を飛ばして突如、クラーク基地の第二〇一航空隊を訪ねたのである。

十月十八日の夕暮れであった。基地では黄色い将官旗を立てた自動車が、何の前ぶれもなく現われたので驚いた。六名の幹部が小部屋のテーブルを囲んで座をしめると、大西中将は静かに口を開いた。

「零戦に二五〇キロ爆弾を積んで体当たりをやるよりほかに確実な攻撃法はないと思うが、どんなものだろう」

大西の口調には、否とはいわせぬ鋭いものが感じられた。

大西瀧治郎は、フィリピンに赴任する直前、東京で軍需省の航空兵器総局に勤務し、その総務局長だった。海軍を代表して航空用資材の配分につき、陸軍と調整もしている。職責上、彼は日本の航空機生産能力やら新鋭機についての実体をつかんでいた。したがって去る六月、岡村大佐から特攻隊編成の意見具申があったことや、桜花が横須賀でひそかに製作されつつあることなどを、十分知っていた。

ましてや十月一日、桜花部隊は、すでに発足しており、おそかれ早かれ専門の兵器をもつ特攻隊が大量に前線に投入されることは、もはや時間の問題であった。

この「知っていた」という事実、それが彼をして体当たりを命じた最大の理由ではないだろうか。すでに桜花は、最初の特攻隊が出現する約一ヵ月前、早くも不気味な姿を空技廠の一角に横たえていたのである。

桜花の投下実験が行なわれた二日後の昭和十九年十月二十五日、栗田健男中将の第二艦隊はレイテ湾に迫っていた。

この二日間、日本艦隊は延べ数百機にも上る米空母機から袋だたきの目にあい、巨艦「武蔵」も前日、行き倒れとなってしまった。

艦隊の水兵は不平たらたらだった。

「航空部隊はいったい何をしているのだ」

「俺たちがレイテ湾に突入しようとしているのに、手を借そうとしないのか」

彼らは、第一航空艦隊がほとんど壊滅状態にあるのを知らなかったのである。

それでも大西は彼らの要望に応えた。五機の零式戦闘機が、この朝、突如現われて、アメリカの護送空母五隻に体当たりし、一隻を撃沈、他を損傷させたのだ。世に神風特別攻撃隊といわれるものの嚆矢である。小兵力の割には大戦果だった。意外に効果のあった体当たりは、当然のことながら以降、何回もくり返された。

一航艦につづいて特攻作戦に踏みきった二航艦の司令長官福留繁中将。

がんらい栗田艦隊がレイテ湾に突入する直前、米空母の飛行甲板を一時的に使用不能に陥れる目的で編成された特攻隊だったのである。

やがて福留繁中将の第二航空艦隊も体当たりを始めた。もし大西の第一航空艦隊だけだったら、レイテ戦に関する限りやがて「持ち駒」がなくなって、特攻作戦も自然消滅していたかも知れない。しかし、もはや、こうなると体当たりは、いつ果てるとも知れぬロング・ランとなったのである。

手軽な零戦のほか、九九式艦上爆撃機や彗星までもが、特攻機として使用されるようになった。爆弾をよけい積めるからだ。

特攻機の戦果が連日、新聞紙上に大きく報道されるようになり、そのうち軍部も国民も、「体当たり」に対して不感症になってしまった。すでに特攻戦法は日常茶飯事と化したのである。

フィリピンで使用された特攻機はいずれも、普通の飛行機に身分不相応な爆弾を積んで体当たりを敢行したものだった。したがって、もし初めから特攻機として特別に作られた専用機なら、もっと大きな戦果を挙げるに違いない。そんな全軍の期待を一身に集めて、桜花が登場したのである。

空技廠の工員たちは夜を日についで、その製作にはげんだ。

マル・ダイ、空母に乗る

昭和十九年十一月一日、マリアナ諸島サイパンから発進したB29「トーキョー・ローズ」は午後一時三十分、東京上空に現われた。第二十一爆撃集団に属するこのB29はただ一機、八〇〇〇メートルもの高空から白い飛行機雲を引いて侵入してきたのだった。

海軍省の屋上からは機銃が火を吐いたが、こんな亜成層圏に対して高角砲はおろか戦闘機でさえとどかない。「トーキョー・ローズ」はゆうゆうと工場地帯や宮城を写真に撮り、三〇分の後、南東に向けて帰途についた。

「俺は見てきたぜ、フジヤマを。ゲイシャ・ガールもいたよ」

機長ラルフ・D・スティークレイ大佐は、基地のPXで気炎を上げていた。

サイパン島からの初めての東京偵察である。

十一月五日午前十時にもふたたびB29一機が東京の写真を撮ってゆき、二日後も二機が午後一時に現われた。その後にくるべきものは、いわずと知れている。

はたして十一月二十四日、一一一機のB29が、東京郊外武蔵野にある中島飛行機製作所を襲ったのである。ここでは、全日本の航空エンジンのうちの約半分の「誉」発動機を作っていた。B29の一部は品川、荏原、杉並の各区をも爆撃、四七七五平方メートルが焼失する。死者二二四名、被災者は一三二五名にも及んだ。

この大空襲は日本本土を恐怖に陥れずにはおかなかった。爆撃は当然、くり返されるからである。

桜花の生産が開始されたころ、同じ神奈川県横須賀市の海軍工廠では空母「信濃」の建造に拍車をかけていた。「大和」「武蔵」に次ぐ三番艦として建造された同艦は、ミッドウェーの苦杯から、空母に改造されていたのである。六万二〇〇〇トンというこの世界最大の空母はぜひとも建造を急ぐ必要があった。

東京を狙った「超空の要塞」の一部で日本海軍最大の軍港を空襲することなど、いともたやすいことである。

横須賀工廠は苦い経験をもっていた。二年前のドーリットル空襲のときだ。空母ホーネット（一万九九〇〇トン）から発進した陸軍双発爆撃機B25の一機は、本隊からはなれて横須賀を爆撃した。たまたま軽空母「龍鳳」に改造中（一万三三〇〇トン）だった潜水母艦「大鯨」（一万トン）に爆弾が命中、同艦の完成は数ヵ月もおくれてしまった。

この二の舞を演じてはならぬ。「信濃」の竣工予定は四ヵ月も早められた。文字どおりの突貫工事である。

動けるようになったらB29のとどかぬ広島県呉の海軍工廠へ送り、残った工事を続けてもよい。十月八日、「信濃」はあわただしく第六ドック内で進水した。そして十一月十九日には一応、竣工というところまでこぎつけ、マンモス空母は工廠の手を離れて新艦長阿部俊雄大佐に引き渡された。マスト高く、旭日の軍艦旗がひるがえった。

さて生産に移って約一ヵ月たった特攻機桜花についても「信濃」と同じことがいえた。完成した桜花を、いつまでも空技廠の倉庫にしまっておくことは、危険きわまりない。B29の爆撃があれば、せっかくの労苦も一挙に吹き飛んでしまう。

おりしも、レイテ島の攻防戦たけなわで、いずれ桜花もこの方面に送られる予定だった。北九州の門司から出帆するフィリピン向け船団に積み込むために、桜花を送る必要があった。だが鉄道輸送はすでに飽和状態に達していた。したがって空母「信濃」に桜花を乗せて呉へ運ぶことができれば、文字どおり渡りに船で、一石二鳥の効果が挙げられる。

空技廠へ横須賀運輸部のトラックの一隊が到着した。荷台に積まれた桜花を空技廠の職員たちは手を振って見送った。

ミッドウェー海戦の敗退後、空母に改造された「大和」型3番艦「信濃」。昭和19年10月、横須賀工廠で進水した。写真は福井静夫元技術少佐のスケッチ。

輸送隊の列は三浦半島の東岸を南下して横須賀鎮守府に入った。弾薬、糧食、備品、重油、消耗品などの積み込みに忙殺されている「信濃」に、まだマル・ダイと呼ばれている桜花約五〇機が、箱にも入れられず、ムキ出しのまま積載された。

「信濃」には零戦一八機、彩雲偵察機六機、艦上攻撃機天山あるいは流星一八機、各種補用機五機の計四八機を搭載する予定だった。これら空母機はまだ積まれていなかったから、長さ二五〇メートル、幅四〇メートルもの格納庫はガランとしており、五〇機の桜花を積むことなど、いともたやすいことだった。

乗組員はこの意外な荷物に驚いた。それは遊園地にある豆飛行機を思わせた。すでに一ヵ月前、フィリピンでは最初の神風特攻隊が発進して新聞をにぎわせていた。だから乗組員は「この豆飛行機もそんな目的に使用されるに違いない」と容易に推察することができた。

プロペラも機銃もない剽悍なその姿は、魚雷を思わせるものがあった。異様な雰囲気に包まれたままズラリと並んだ約五〇機の桜花。それは見る者に悲壮感と一種の頼もしさとを与えずにはおかなかった。

「信濃」の乗組員は少なからず動揺したようだ。

「上層部はわれわれの母艦を特攻に使用するのではあるまいか」

無理もない。彼らは桜花が空母に積めないような大型の母機から投下する兵器であることを知らなかったのだから……。ましてや一ヵ月前のレイテ沖海戦で空母部隊はわれとわが身を犠牲にして敵空母機を「吸収」する任務を命ぜられ、いずれも全滅している。したがって世界最大の空母「信濃」がこの桜花五〇機を腹に積み込み、米艦隊に決戦を挑むのではないかと勘ぐったのも、当然といえよう。

「信濃」の出港準備は急ピッチで進められた。作業続行のため工事関係者一〇〇〇名を艦内に乗せたまま急遽、空母は呉へ出港することとなったのである。

空母「信濃」撃沈さる

出港用意のラッパが鳴り渡った。マストにはするすると軍艦旗が上がる。非番の者は白い作業服のまま舷側に整列して見送りに答えた。十一月二十八日午後六時、大空母「信濃」は東京湾を南下し始めた。呉までは約一日半の航海であるが、遠州灘の沖には米潜水艦の存在することが確認されたため、艦長阿部俊雄大佐は迂回コースをとり、ずっと南寄りの沖に出ることにした。

四国の愛媛県出身の阿部大佐は眉の太い、見るからに頼もしげな海の男だった。ミッドウエー海戦までを第十（水雷）戦隊の第十駆逐隊司令を勤め、空母「赤城」や「飛龍」を護衛し、十九年六月のマリアナ沖海戦では、連合艦隊総旗艦たる軽巡「大淀」の艦長であった。空母艦長になったのは初めてであるが、対潜警戒には十分の経験を積んでいた。

一時間半の後、「信濃」は東京湾の外に出て二〇ノットの速力でジグザグ航海を始める。護衛は谷井保大佐の第十七駆逐隊だ。「磯風」「雪風」「浜風」の三隻よりなるこの駆逐隊はベテランであるが、これらに護衛された大型艦は、不思議と敵潜水艦によって悲壮な最後を遂げている。

マリアナ沖海戦における空母「大鳳」（二万九三〇〇トン）、「翔鶴」（二万五六〇〇トン）がそうであり、台湾沖における戦艦「金剛」（三万二二〇〇トン）もそうだった。

「『金剛』の悲劇をくり返すな」

第十七駆逐隊は九三式水中聴音機の耳をソバ立て、また九三式水中探信儀をもって必死に敵潜水艦の影を求めた。

「浜風」が先頭を行く。「信濃」艦長阿部大佐はどうやら出港時刻の決定を誤ったようだ。

「たとえ敵潜水艦と遭遇しても、夜ならば闇にまぎれて攻撃をかわすことができる」

こういった誤った考えが、まだ日本海軍の高級士官の頭を去らなかったのである。

米潜水艦はウエスタン・エレクトリック社が開発したパラボラ状のSJレーダーを持っていた。この水上見張用レーダーのおかげで、昭和十七年秋ごろから、彼らは夜間浮上攻撃ができるようになっていた。そのためレイテ湾に向かう「愛宕」「摩耶」や内地へ帰る戦艦「金剛」など、すべて夜間に奇襲を受けて沈んでいる。商船の被害も、暗くなってからの方が多くなった。

「自分が見えないから、相手も見えないだろう」

とは誰しも考えやすい。

もちろんわが方も二十二号水上見張用レーダーをもっていた。しかし、まだ精度が悪くて誤差が大きい。ましてや潜水艦は小さくて電波に捕らえにくい。反対に大型の水上艦艇はすぐ発見されてしまう。どう考えても日本側に不利な状況であった。

この間、艦内では、〝足〟をもたぬ桜花が、「信濃」の格納庫に放置された格好だった。艦長は積荷に関してさほど、関心も払わなかったろう。炸薬八〇〇キロを持つ桜花五〇機を預かったくらいでキング・サイズの「信濃」がどうなるといったほどの問題はなかった。

彼のいちばん気がかりなのは、部下の訓練不足だった。まだ航空部員は乗っていないが、乗組員の約六割はいままで軍艦に乗った経験のない者であり、またそのうち約二割は応召した老人の新兵だったという。開戦以来のベテランはほとんど戦死してしまったので、こんな大型艦では、とても人数を揃えることができなかったのだろう。しかし、高級士官は他の艦艇から引き抜いた腕の立つ者ばかりを集めていた。

玉石混淆の「信濃」は、灯りが外へ洩れぬよう灯火管制をし、二十二号レーダーにより浮上している敵潜水艦を警戒しつつ伊豆諸島にさしかかった。三宅島と御蔵島との間を通り抜けた四隻の艦隊は南々西に向かってさらに突っ走った。いかに敵潜水艦を避けるためとはいえ、このコースは南に寄りすぎていた。

出港直前、同艦の航路について神奈川の日吉にある連合艦隊司令部から東京目黒の海上護衛総司令部に連絡があった。受話器をとった目黒では、とんでもなく遠回りするコースに、呆然としたという。

アメリカ潜水艦アーチャー・フィッシュ（一五〇〇トン）は、八丈島の北方を航海中だった。十一月二十八日に予定されたB29の東京空襲に際し、海上に墜落する搭乗員を救出する任務を命ぜられていたのだ。ところがこの空襲が中止になり、同艦は手持ち無沙汰に悩んでいた。

午後八時四十八分、レーダー員が金切り声を上げた。

「北方、二万二〇〇〇メートルに反応があります」

さっそく追跡が始まった。

月は明るかったが、雲量は多い。しかし、その夜、一万四〇〇〇メートルは見渡すことができた。

アーチャー・フィッシュは、一年も前に竣工していながら、戦果といったら五ヵ月前に海防艦二十四号（八〇〇トン）を沈めただけだった。スコアーの悪いのにクサっていた水兵たちは、陰で艦長をののしり続けていた。

「皆、ボスが悪いのさ。俺たちは、いつまでたっても勲章がもらえないというわけだ」

そして、この五回目の出撃にこそと、一七日前、サイパン島を出港してきたところであった。

艦長J・F・エンライト中佐はマイクで艦内に放送する。

「こちら艦長。敵は四隻の護衛艦に守られた空母」

どっと歓声が上がった。

ロスコーの『第二次大戦中における米潜水艦作戦史』によると、エンライト中佐は護衛駆逐艦の数を一隻多く見積もり、空母を二万四一〇〇トンの「ハヤタカ」級と誤認している。日本郵船の豪華船橿原丸を改造した「隼鷹《じゅんよう》」は、第三次ソロモン海戦やマリアナ沖海戦に参加し、すっかり米軍におなじみとなっていた艦だ。外観がやや似ている大空母「信濃」を「隼鷹」と見誤ったのも無理あるまい。

彼らが自分の沈めた空母が「信濃」であり、それが「大和」クラス戦艦の三番艦であると知ったのは、戦後のことである。調査団の報告により米軍は空母「信濃」の要目・性能に目を見張った。また、彼らが「信濃」の積荷こそ史上最初の体当たり専門機五〇機であると知ったら、驚きのあまりとび上がったに違いない。

さて、アーチャー・フィッシュは一八ノットの最高速力で数時間も追いかけたが、どうしても高速の「信濃」に引き離されてしまう。艦内には失望の色が浮かんだ。

ところが阿部大佐はツイていなかった。敵潜水艦の雷撃を未然に防ぐため、どこの国でも危険水域の軍艦はジグザグに走る。何回目かのジグザグ・コースをとった際、かえって「信濃」は敵艦に向かう結果となってしまった。

「しめた、カモは自ら近づいてくる。急速潜航」

この直後、空母の右側にいた駆逐艦「雪風」(二〇〇〇トン)は、潜水艦のわずか三六〇メートルにまで迫ったが潜水艦に気づかなかった。

アーチャー・フィッシュは、二十九日の午前三時十七分、艦首発射管から六本のマーク14型蒸気魚雷を発射した。

四六ノットで直径五三センチの魚雷は突っ走る。距離三二〇〇メートル。四七秒後、最初の爆発音が聞こえた。四本が「信濃」の右舷やや後部に命中、たちまち右に九度傾斜する。アーチャー・フィッシュは六時間以上も頑張った甲斐があったのだ。

空母「信濃」を撃沈した米潜の艦長は艦形が似ているため「隼鷹」(写真)と誤認した。「信濃」の判明は戦後の調査団報告による。

本来なら四本の魚雷には大空母は耐えることができたにちがいない。なにしろ下半身は戦艦「大和」「武蔵」と同じなのである。しかし工事を急ぐあまり「信濃」は、艦内各区画の気密試験を省略していた。これが意外な結果をもたらしたのである。

すなわち、いくら防水扉を閉めても隣の部屋からジリジリと浸水してくるのだ。

「左舷注水せよ」

阿部艦長は唇をかみしめて命令を下した。次第に右舷に傾いてゆく艦を救うため、左の部屋にもわざと水を入れて傾斜をなおそうというのだ。ところが何たる不運ぞ。今度は左舷の注水弁が開かない。もはや、ほどこす手はない。

それでも「信濃」は被雷後、三六時間も頑張った。これだけの時間がありながらも、あまり南下しすぎていたため、岸辺に乗り上げることさえできなかったのだ。そして右舷に倒れ、ついに波間に呑まれていった。

乗組員一四三五名が戦死し、工員、技術者を中心とする一〇八〇名が三隻の駆逐艦に救助されている。艦長阿部大佐は艦と運命を共にした。

他方アーチャー・フィッシュは、この功績で大統領から感状を受けた。がんらいアメリカの潜水艦は魚の名前をとるのが常であった。アーチャー・フィッシュとは鉄砲魚のことだ。すなわちインドや南洋産の淡水魚で岸辺の昆虫に巧みに水を吹きかけ、これを落として捕食する奇妙な魚である。そしてこのアーチャー・フィッシュも自分より四〇倍も大きい餌物を見事に捕らえたのだ。

かくて桜花の第一陣五〇機は、空しく和歌山県潮ノ岬の東南東三五カイリに客死したのである。これが桜花の出足をおくらす第一歩となった。

最初の投下実験に成功

レイテ沖海戦より三週間前の十月一日、日本海軍は第七二一航空隊を開隊した。七二一といっても、わが国に七〇〇以上の航空隊があったわけではない。七二一航空隊の数字は横須賀鎮守府の所管する陸上（大型）攻撃機隊を意味する符号なのだ。これは秘密の桜花部隊だった。

その司令はもちろん岡村基春大佐である。遂に彼の夢が実現した。満々の自信をもって第七二一航空隊は茨城県小川町に呱々の声を上げた。

水郷、霞ヶ浦の北にあるここ百里ヶ原基地には、海抜八七六メートルの筑波山から、きびしい西風が吹きつける。もともと百里ヶ原には昭和十四年十二月から艦上爆撃機用の練習航空隊がおかれていた。そこへ「居候」をするわけだが、なにしろこちらは戦勢挽回の必殺兵器と目されているだけに、鼻息は荒い。先輩である百里ヶ原練習航空隊の方が、小さくなっていた。

岡村大佐は副長として五十嵐周正中佐を派遣した。いわば彼の片腕となる人間だ。実際に親飛行機に搭乗し、部下を指揮する攻撃第七一一飛行隊長には有名な野中五郎少佐が選ばれた。すなわち第七二一航空隊は、桜花と、これを運ぶ攻撃第七一一飛行隊三六機の両者よりなっていたのである。しかし第七二一航空隊はピラミッドの上部ができたばかりで、下部組織はまだ固まってはいなかった。

各地から若い搭乗員が少しずつ集まってはきたが、具体的にどんな型で訓練したらよいのか皆目、目当がつかない。自らの進路を、手さぐりで見つけなければならなかったのだ。桜花自体、この百里ヶ原には一機しかおいていないくらいだった。したがって桜花パイロットは零戦を操縦してエンジンを止め、滑空訓練をするというような方法をとっていた。お茶をにごした第七二一航空隊が編成されてから、まだ桜花が母機から投下されたことは、一回もなかった。

実戦部隊が編成されて二二日目の昭和十九年十月二十三日、技術部が投下実験を行なうことになった。

千葉県木更津飛行場の南北一八〇〇メートルの滑走路から、いましも三機の一式陸上攻撃機が発進しようとしている。昨夜来の小雨もすっかり上がり、秋晴れのよい天気だった。一機は五五〇メートルという長い距離を滑走して、やっと空中に舞い上がった。それもそのはず、この一機だけは腹の下に「子供」を抱いていたからである。

マル・ダイの最初の投下実験。それは空技廠の職員を緊張させずにはおかなかった。はたして期待どおりの滑空性能を示すだろうか。もちろん、桜花にはこの日、人を乗せていないし、炸薬も擬装頭部だ。グライダーとしての滑空状態を調査するのだから、ロケットにも点火しない。

やがて三機は伊豆の大島を左に見た。約一五分の後、後方の一機が突如、速力を上げて追い抜き、前方ななめ下の観測位置をしめる。フィルムに撮ろうというのだ。

母機は翼を左右に振った。投下準備完了の合図だ。母機に搭乗した三木忠直技術少佐は小さく肯いた。あらかじめ下げ舵のままスプリングで調整されていた桜花は、一瞬、双発の胴体下部から飛び出す。高度四〇〇〇メートル。美しい放物線をえがきながらオレンジ色の機体はみるみる降下していった。

別の一機では、空技廠の技術者が目を皿のようにして観察していた。良好なグライディング。やがてミニチュア飛行機は相模灘南方の海に白い水煙を高く上げ、波間に没した。

実験はここでも成功だった。あとは八日の午後、いよいよパイロットを乗り込ませて降下させるのだ。技術陣にはその日のくるのがおそろしいようでもあり、また待ち遠しくもあった。

今日は十月三十一日。空は晴れわたり絶好の実験日よりである。すでに五日前、「日米決戦の天王山」と目されたレイテ沖海戦も悲惨な結果に終わっていた。この海戦で岡村大佐が開戦時、飛行長をやっていた小型空母「瑞鳳」も沈んでいた。

そんなことも知らず、彼は飛行場の片隅に椅子を持ち出し、腕組みしたまま腰かけていた。するどい目つきで、彼は秋空の一角を睨んでいる。すでに飛行場には第七二一航空隊員全部が集合して待機していた。

基地の上空で桜花の有人投下訓練が、いま、まさに行なわれようとしているのだ。人が乗った場合、はたして肉体的に滑空に耐えられるかどうか、あるいは舵の効きが悪くないか、計器は正常に作動するかなど、いろいろと未知の問題が明るみに出る。

やがて二機の一式陸上攻撃機が飛来してきた。一機は腹の下に桜花を抱き、別の一機はぴったりと並んで飛びつつ、投下の模様を観察しようとしている。今日投下されるマル・ダイは特別製の練習降下用桜花だった。空技廠では八月下旬から練習用の桜花K一型を四五機、製作していた。それは爆薬をもたず、代わりに同じ重量の水を「重り」として頭部と後部のタンクに乗せるようになっていた。また、それにはロケットもついておらず文字どおりのグライダーである。

これで「飛ぶ」要領を覚えてから実用型の桜花に乗るわけだ。胴体の長さが五〇センチ長くて全長が六・五メートルとなったほか、練習用桜花は実用型と変わりなかった。操縦士は機内の小さな椅子に腰を下ろして座り、開いた足を前方に突き出すようになっていた。

「きたぞ」

第七二一航空隊では、少年兵をも含めた全員が昂奮して手に汗をにぎって空を見上げた。

なにしろ一週間前、空技廠は相模灘で投下実験に成功したというが、それには人が乗っていなかった。搭乗員が操縦するのは今日が初めてである。

もし今日の実験の結果がおもわしくなければ、せっかく作った桜花も役立たず、第七二一航空隊も解散ということになりかねない。岡村大佐の苦心も水泡に帰してしまう。とにかく人の乗ったグライダーを飛行機から放り出すなど、日本航空史上、初めてのことだ。

親飛行機の腹の下にはオレンジ色のものが認められた。練習用桜花K一型は赤トンボ練習機と同じく派手な赤黄色に塗られていたのである。これには車輪がなく、代わりに両翼の下と胴体下部とにソリがついていた。

テスト・パイロットの長野一敏兵曹長は、鹿児島県出身、乙種予科練から出たベテランであった。

「彼なら心配ない」

岡村大佐は何度も自分に言い聞かせた。

それもそのはず、卓越した腕前にほれ込んだ人事部が横須賀航空隊から彼をスカウトし、第七二一航空隊のテスト・パイロットに任命したのである。桜花がモノになるか否かは、いまや彼の腕にかかっていた。沈着温和な彼は責任感で胸を一杯にしながら、母機に乗り込んでいた。眼下には箱庭のように百里ヶ原基地が展開する。

母機と地上とは電話で連絡をとった。親飛行機は標準投下高度の三五〇〇メートルで桜花を投下した。

地上では一瞬、固唾をのむ。

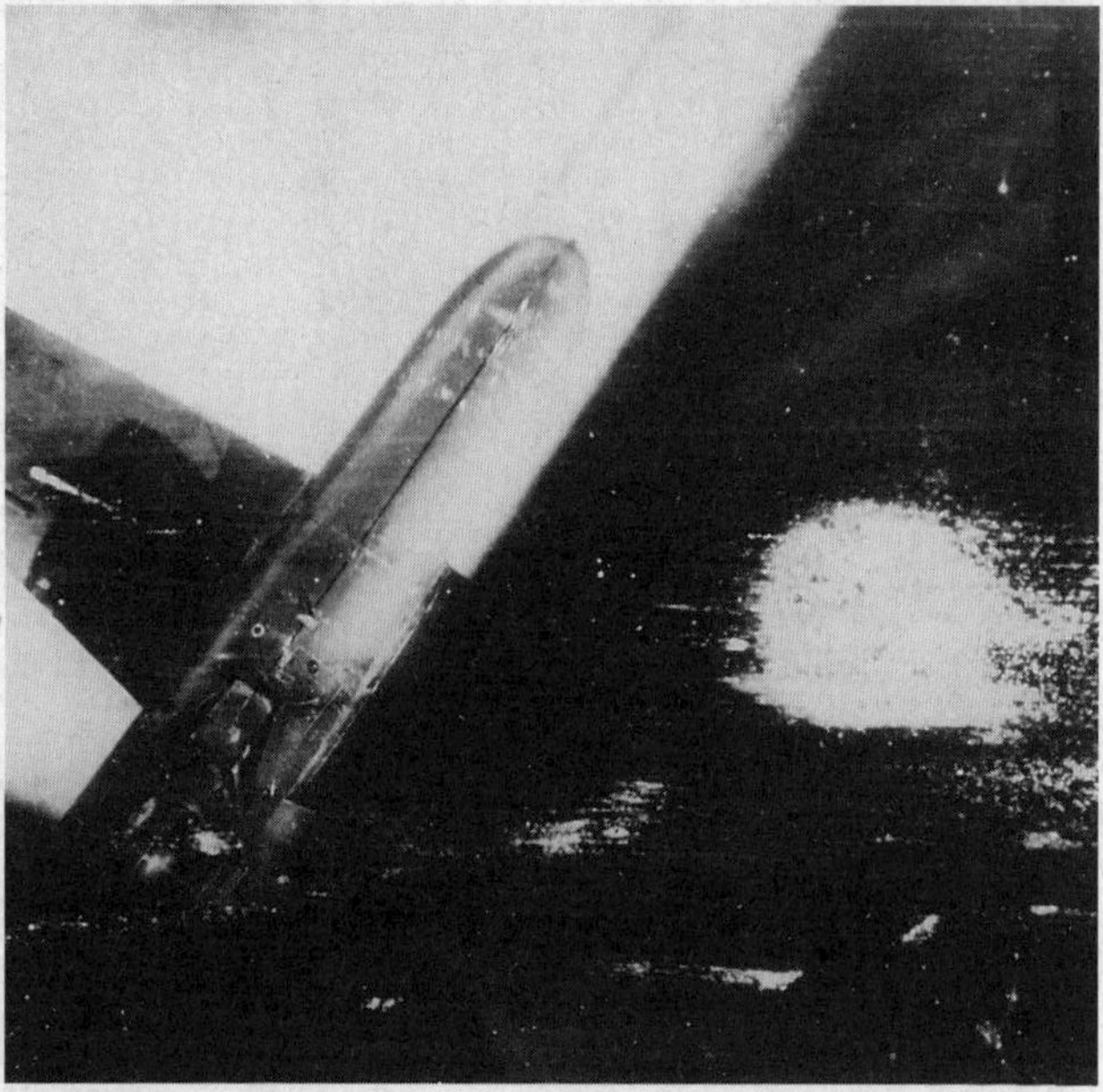

桜花練習用の滑空機Ｋ１の訓練時、一式陸攻の爆弾倉から撮影された。爆薬のかわりにバラスト用の水を搭載し、空中投棄ののちに滑走路に進入した。

身軽になった一式陸上攻撃機はすぐ旋回、上昇に移った。尾部を接触させないためだ。別の一機は桜花に並行して飛び、状況を観察する。桜花はゆるい角度で、ゆったりと空中を滑る。しかし全備重量二・一トンの滑空はすぐ終わりとなった。こんな重たいままで着陸しようものなら、ショックでめちゃめちゃになってしまう。だから降下中、「重り」として積んでいる水を投げすて、着陸時までにタンクを空にしなければならない。つまり約一二〇〇キロほど機体を軽くすることになる。桜花の目方は半分以下になる。

しかし、一二〇〇キロの水をすてるといっても艦船攻撃用の五〇〇キロ通常大型爆弾二発より重たい重量である。特攻機として用いられた零戦など二五〇キロ爆弾一発で腰がふらついたほどだ。

これだけの水を一時にすてると、飛行中、桜花の重心が急激に変化し、いかなる影響が起きるかが問題である。岡村大佐は胸の高鳴るのを覚えた。

やがてオレンジ色の小さな機体から真っ白な水の尾が飛び出す。

「放水開始」と、説明の士官がふたたびどなった。

青空に水しぶきが白く輝く。

地上では技術員も桜花搭乗員も、首の痛むのを忘れて大空の一角を見つめていた。練習用桜花は高度を下げつつ飛行場を一周すると、着陸姿勢をとって滑走路に進入してきた。戦闘機の着陸速度は時速一二〇キロ程度であるが、練習用桜花の場合、時速二二〇キロ近くの高速で大地に突入する。

一同が固唾をのんで見守る中を桜花は砂ぼこりを高く上げて胴体着陸を敢行した。

「ワーッ」と歓声が上がった。

見事な着陸である。みな着陸地点へ一目散に走り出した。

風防ガラスを開け、ふらつく足どりで長野兵曹長が降りてきた。

「異状なし」

彼は岡村司令に敬礼しながら報告した。

大成功だった。

「御苦労」

おりからの筑波おろしが肌をさすように冷たかった。飛行場の「吹き荒し」も成功を喜ぶかのように風にひらめいた。かくて桜花は一歩一歩実戦への道を踏みしめていった。

第二章　実戦配備

神ノ池の第七二一航空隊

最初の有人投下実験より七日目の十一月七日、第七二一航空隊は同じ茨城県神ノ池航空隊に移動した。百里ヶ原練習航空隊の居候《いそうろう》ではなにかと不便だったうえ、特攻部隊を一般の航空隊と同居させておくことは、士気の上でも好ましくなかった。

百里ヶ原の東南にあたる神ノ池は、その名のように丸い大きな湖をもつさびしい村で東は波荒い鹿島灘、北に鹿島の大砂丘、西南を利根川に囲まれ、秘密基地として理想的な位置をしめていた。

ここは九ヵ月前に開隊した零戦の練習航空隊があったのだが、第七二一航空隊が移ってから基地をこれに譲り、自らは茨城県の谷田部に引っ越した。これで岡村司令はだれに気兼ねすることもなく、いよいよ本格的訓練に専心することができるようになった。

これを契機に第七二一航空隊は、俗に「神雷部隊」と称せられるようになる。

同じ体当たりでも、普通の「神風」とは違うという意味だろうか。入口には「海軍神雷部隊」と黒々と書かれた大門標が立てられた。機密兵器マル・ダイの格納庫には小銃を持つ番兵が配置されたほどのものものしさだった。

さて引っ越しより六日目の十一月十三日、海軍航空本部長が視察にくることになった。航空本部長戸塚道太郎中将はレイテ湾の闘将栗田健男中将と兵学校のクラス・メイトで第三八期、明治四十三年の卒業で、特攻隊の創始者大西瀧治郎より二年先輩だ。第十二航空艦隊司令長官兼北東方面艦隊司令長官を歴任、アリューシャン水域で戦ってきた人物である。戸塚中将が航空本部長に任命された九月、桜花の一番機が誕生した。

その日も訓練は平常どおり行なわれた。はじめ桜花は四〇名ずつ二つの分隊に分けられていたが、分隊長刈谷勉大尉が母機から降下、滑空をしてみせることになった。例のように、地上では手あきの者が皆、空を見上げた。戸塚中将も小手をかざしている。

ところが降下中の桜花練習機は前部のタンクから水をすて始めたのに、後部のタンクは一向に放水しようとしない。後部排水弁の故障か。一同はハッとした。このままだと桜花はバランスがとれなくなり墜落だ。

失速状態に陥った桜花は、もはや滑空ではなく、木の葉がひらひらと散るような格好で落ちてきた。一瞬の出来事であった。機上の刈谷勉大尉が必死に脱出しようと、もがいている姿がみえた。地上では皆、顔をそむけずにはおられなかった。

ついに桜花最初の犠牲者が出た。刈谷大尉は昭和十六年に広島県江田島の海軍兵学校を卒業した第七〇期生であった。

このクラスは最も悲惨な年代であった。戦争末期、もはやいかんともなし難い苦境に立ったとき、たまたま実戦部隊の下級指揮官となるめぐり合わせだったからだ。人間魚雷回天で

最初の殉職者樋口孝大尉も、フィリピンで史上最初の特攻隊指揮官となった関行雄大尉（第二〇一航空隊）もみな第七〇期の卒業で、ほとんどが二十三歳の若さだった。

東京に帰る戸塚道太郎中将の心は重かった。さっそく事故の原因が調査された。もし桜花そのものの欠陥だとすれば、大問題に発展する可能性があった。

そろそろ冬の声を聞こうという茨城県の風は身を切るように冷たい。ましてや地表より四〇〇〇メートルもの高空では気

桜花一一型の滑空練習機K１。実機に比べ、弾頭がないので先端が丸く、着陸用橇が装着され、後端のロケットがない。機体は橙色に塗装されていた。

温は零度にも下がってしまう。

「タンク内の水が凍結したのではないだろうか？」

氷結が起こるようでは桜花の安定は保ち得ない。しかし調査の結果、今回の悲劇の原因は決して凍結ではなく、刈谷大尉が前後の水タンクから放出する際、操作を誤ったためであると判明した。技術的欠陥ではなく、人為的な事故だったのだ。桜花は秘密兵器のため、刈谷勉大尉の葬式の後までも、遺族にくわしい模様を語ることが許されなかった。細川八朗中尉は遺骨を東京の第一ホテルまで運んだとき、その点がつらかったと戦後、述懐している。

この事故から五日後の十一月十八日、第七二一航空隊（「神雷部隊」とは通称であり、正式名は他の実戦用航空部隊と同様、番号で呼ばれていた）は横須賀鎮守府長官塚原二四三中将の指揮を離れた。そしてこの日から連合艦隊司令部の直属兵力となったのである。

航空隊より上の航空戦隊や更にその上の航空艦隊を通さず、直接、連合艦隊の指揮下に入ったのだ。これによっても日本海軍がいかに神雷部隊に期待したかが窺えよう。隊員の士気は、いやが上にも高まった。

十一月二十三日には軍令部総長及川古志郎大将が視察にきた。軍令部とは作戦の大綱を樹てる機関だ。一年前、海上護衛総隊の司令官を勤めた彼は日本の国力が次第に細まってゆくのに心を傷めていた。そして特攻以外に戦局挽回のチャンスはないと信じるようになったのである。

ところが六日後の十一月二十九日、再び事故が起こった。

北という名の上等飛行兵曹が訓練中に殉職したのだ。桜花の事故による死亡者は、この二名にとどまったが、着陸時に怪我をする者は後を絶たなかった。十月三十一日の初投下を終わった長野兵曹長は、涼しい顔でいった。

「零戦より操縦性がよいですよ」

これは飛行経験何千時間というテスト・パイロットの彼にして初めていえた言葉で、飛行時間の合計一五〇時間にも満たぬ隊員にとって、練習用桜花は「恐ろしい乗り物」であったに違いない。

最初、オレンジ色の機体を見た隊員は、「こんな玩具のような飛行機で」とあきれ、また同時にピリリと気のひきしまるのを覚えたという。

機体の重量を翼の面積で割った値を航空学では翼面荷重と称するが、この数が大きいほど一般に安定が悪い。安心して乗れる複葉の九三式練習機で五四、零戦が一二〇の翼面荷重が、桜花では実に三五六にも達する。すなわち零戦の三倍近くも安定が悪く、操縦がむずかしいわけだ。それだけにわずかのミスも許されず、事故の起こる率が高いのである。舵のききも悪い。概してK一型練習機は「いうことをきかぬ暴れ馬」にたとえることができよう。

もちろん大量生産を考えてできる限り簡素に作られた桜花の操縦そのものは、かんたんだった。それは戦闘機と同じようにヒザの間に突き立てた操縦桿によって姿勢を調節するのだ。この棒を左に倒せば桜花は左に傾きつつ旋回、前に倒せば機首を下げる。足はペダルを軽く踏む。計器も少なく、主要なものは速度計、高度計、傾斜計、羅針儀とロケットの着火切換器の五つだけだった。

水平儀は機体が前後に傾いている度合いを示すメーターで、回線テスト・スイッチと速度計との間、すなわち操縦席の向かって右側についていた。また簡易式高度計は中央の計器板の左側につけられた。

桜花の操縦がいかにかんたんだといっても、それはプロペラをもつ他の飛行機と比べた場合のことである。グライダーとしては恐ろしく安定が悪い練習用桜花K一型で初飛行をするとき、若人たちは緊張に青ざめるのが常であった。

『桜花』一一型操縦席

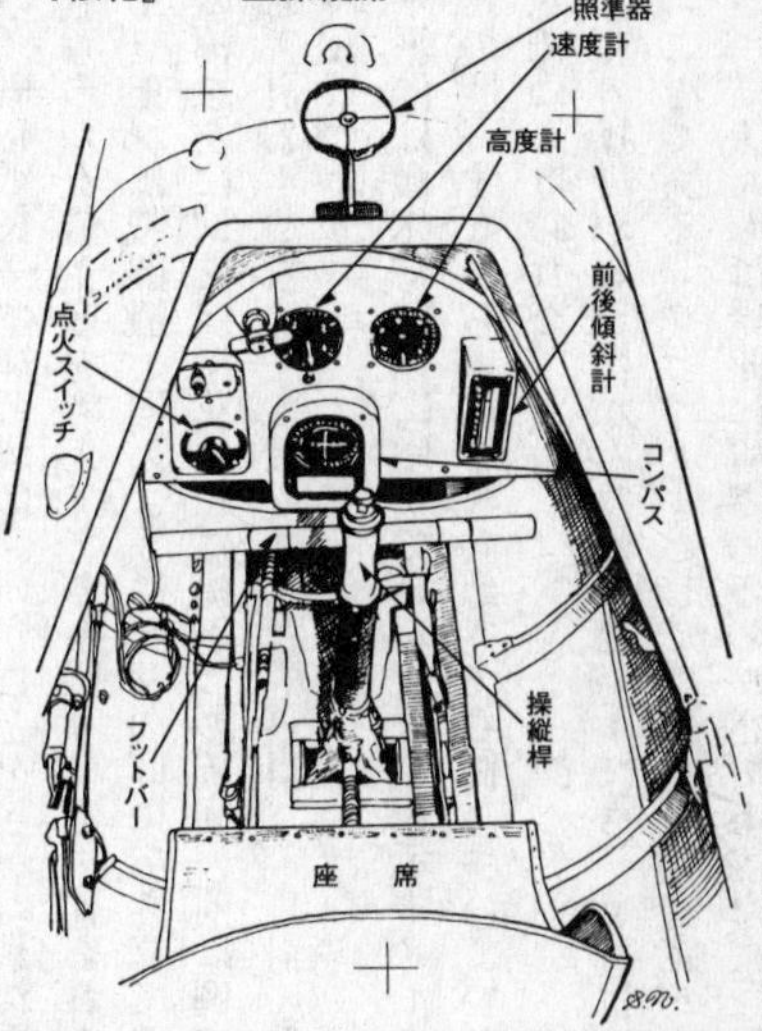

出発前に写真を撮ってもらった搭乗員は一式陸攻の人となる。咽喉がカラカラにかわき、膝頭が小さくふるえた。高度三〇〇〇メートルに達すると母機の床を抜けて桜花に移乗するわけだが、このころすでに胸さわぎは止まっている。その代わり限りない孤独感に襲われるのだ。

一直線に進む母機は、やがて、ブザーを鳴らす。一瞬、機が大きくゆれると、もはや自分一人の大空だ。やっと速度計に目をやる余裕ができた。ものすごいスピードだ。旋回しつつ飛行場に接近、土色の地球が目の前に飛び込んできた。

この瞬間が恐ろしいのだ……。

衝撃！

桜花は地上に停止した。

「ああ、助かった」

このとき、大声で叫びたいうれしさが若人をとらえたに違いない。

『桜花』滑空練習機K1（MXY7-K1）

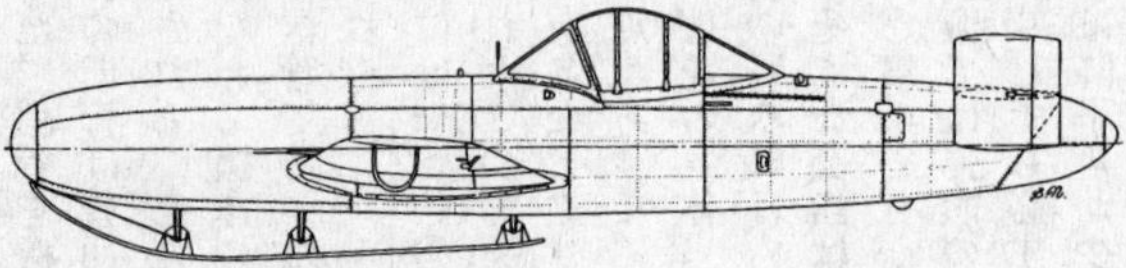

カーキ色のサイド・カーが走ってきた。

分隊長に状況報告をするが、その声もついうわずってしまう。操縦記録を書こうとしても、鉛筆を持つ手は小きざみにふるえて文字にならなかった。神雷部隊の桜花搭乗員はみなこのようにして、初の降下を経験したのだ。

桜花、炸裂す

神雷部隊が降下の訓練にはげんでいる間、空技廠では体当たりした場合、うまく爆発してくれるかどうかで気を揉んでいた。敵戦闘機の妨害を突破し、せっかく敵艦に突入しても、信管の不備で炸裂しなければ、犬死にとなってしまうからである。

事実、この十一月二十五日、フィリピン東方洋上で第三神風吉野隊の零戦一機が空母エセックス（二万七〇〇〇トン）へ見事に体当たりした。ところが若い操縦士は昂奮のためか、爆弾の安全装置を外すのを忘れていたのである。空母は白煙をちょっと上げただけでビクともしなかった。

桜花の炸裂を担当したのは爆撃部の早川仁技術少佐だった。彼は昭和七年、東大工学部の機械科を卒業していた。いろいろ考え抜いた早川技術少佐は、はたと手をうった。

「そうだ。信管を機首と中央部の二ヵ所に装備しよう」

機首の信管は普通の爆弾と同じで、降下中、先頭の小さな風車がまわり、自然に安全装置が解除される。したがって体当たりのショックで爆発するのだ。さらに念を入れて爆薬の後部、すなわち機体の中央部には信管を四個つけた。そのうちの二つは衝撃信管で、残る二つが多用信管であった。体当たりの二～三分前に操縦士は計器板につけられたこれらの引金を引いておく。

機首には一二〇〇キロの九一式爆薬がぎっしりと装塡されている。昭和六年、制式兵器に採用されたこの爆薬はトリ・ニトロ・アニゾール（TNA）よりなっていた。それは爆発威力こそ有名なピクリン酸に劣るが、鈍感であり、気温の変化などによって自然爆発を起こさない利点があった。したがって艦砲用火薬として、広く使用されていた。早川技術少佐の心配は、桜花の「体当たり角度」であった。

普通の特攻機は六〇度近くの急降下をして突入する。しかしグライダーである桜花には、とてもそんな芸当はできず、二〇度くらいのゆるやかな角度で降りてくるのだ。一般に命中角が九〇度のときがもっともショックが大きい。

空技廠では弾頭の発火装置として、とくに作動範囲の広いものを採用した。どんな角度で体当たりしても必ず爆発させるためである。早川技術少佐は思った。

「桜花は降下角が少ないから、空母や輸送船のように背の高い艦艇に体当たりしなければだめだ」

昭和19年12月1日、第七二一航空隊を訪れた永野修身軍令部総長(中央)。永野の右に岡村司令、岩城邦広飛行長。永野の左へ五十嵐周正副長、野中五郎飛行隊長、柳沢八郎桜花隊長、平野晃桜花分隊長、湯野川守正桜花分隊長。

すなわち運動性のよい零戦特攻機が上から体当りしたのに対し、決して敏捷とはいえない桜花は、横から突入せよというのである。

また衝突に失敗して海上に落ちた場合でも、かならず爆発させなければならない。一二〇〇キロもの爆薬をもつ桜花は至近弾となった場合ですら、その水圧効果は絶大なものがある。波の圧力のため鋼板が曲がり、浸水が起こるからである。現に終戦直前、日本の旧式巡洋艦「磐手」(九一八〇トン)など至近弾による浸水だけで沈んでしまっている。

さて、発火装置の作動をテストするため、一式陸上攻撃機一機は爆薬を詰めた実戦用桜花の一機を千葉県木更津沖に投下した。もちろん人は乗っていない。一機の戦闘機がこの桜花を追尾する。銀色の翼の桜花は東京湾に降下、大爆発を起こした。結果を耳にして早川技術少佐はほっとした。

空技廠は十一月二十日午前十時ごろ、神ノ池沖の鹿島灘でも実用頭部の投下実験を行なった。はじめは不発に終わったが、二回目は信管の信頼性は立証され、海面に触れたとたん桜花は吹き飛んだのである。実験はすべて成功した。

昭和十九年十二月一日、今度は連合艦隊司令長官豊田副武大将が神雷部隊の視察にきた。九州大分県出身の彼は当時五十九歳。もはや救いようもなくなった戦局を挽回する責任は彼の双肩にかかっていた。丸顔の長官は壇上に上がって隊員に訓辞し、神雷の鉢巻と署名入りの短刀とを隊員の一人一人に手渡した。翌年の春、第七二一航空隊では出陣の際、隊員のことごとくが連合艦隊司令長官から贈られたこの鉢巻をしめ、機上の人となったという。

さらにこの日、豊田大将より八歳年長の永野修身元帥も来隊した。純粋な土佐ッポであり、秀才型の永野元帥は日本海軍の元老的存在だった。二日後の十二月三日、続いて海軍大臣米内光政大将が激励にくる。老子の書を愛読する米内は、戦前から、とかく暴走しがちになる陸軍にブレーキをかけた人物であった。

人間魚雷回天や特攻艇震洋の訓練地が関西地方にあったのに対し、神雷のみは東京に近い関係でお偉方の来訪を見たわけだ。岡村大佐はさぞや気疲れしたことであろう。

十二月一日、米第三十八機動部隊は西カロリン諸島ウルシー基地を出港した。空母一三隻を中心とする大艦隊だ。埼玉県大和田にある通信隊は、敵の暗号を傍受するのに成功した。約一週間もあれば、日本本土に接近できる。

「敵は十二月八日の開戦記念日を期して東京を空襲するのではないだろうか？」

しかし敵の目標は日本本土ではなく、フィリピンの日本特攻基地だった。米第三十八機動部隊は十一月、東京を空襲する予定だった。それがマッカーサー元帥の悲鳴のため、空母はあこがれの日本攻撃を中止し、レイテ島防衛に手を貸してきたのである。

いずれにもせよ、東京が空襲されればそこから空母機で二〇分ほどの神ノ池も落ち着いてはいられない。事実その心配は、二ヵ月後に悲劇となって現われたのである。

第七二一航空隊は疎開を命じられた。桜花隊はようやく開隊したばかりでとても実用の域に達しておらず、そのうえ地上へ翼を並べた母機の一式陸攻は敵空母機の好目標になる。

十二月八日の前後約一週間、攻撃第七一一飛行隊は青森三沢へ移転することになった。ところが母機隊が奥羽山脈にさしかかると、ものすごい吹雪に遭遇し、とても三沢への着陸はおぼつかなくなり、二〇〇キロほど南の風光明媚な松島に着陸した。

桜花パイロットは、艦艇を標的とした実艦訓練を行なうこととなった。零式複座練習機に分乗した彼らは、十二月の中旬、基地を出発し、日本列島を南西に下った。空母は瀬戸内海に停泊しているから飛行機の方で「武者修業」に出張したのである。

三重県の鈴鹿航空隊で一休みした後、桜花パイロットの編隊は九州の大分飛行場に着陸した。申しわけのように二本の滑走路があるだけのこの小基地は、すでに雑草が生い茂っていた。海軍航空隊の飛行機が、もはや底をついていたからだ。

大分を根城とした隊員は毎朝、西北西の別府沖へ飛び、残り少ない巡洋艦や空母を眺め下ろした。

本物の桜花で突入訓練をするわけにはゆかないから、操縦のよく似た練習機が使用された。この飛行機は零式戦闘機を訓練用に改造したもので、前席には練習生、後席には教官が乗るように工夫されている。

高度四〇〇〇メートルでパイロットはエンジンのスイッチを切る。すると零式練習戦闘機はグライダーとなり、ゆるやかに滑空を始める。次第に高度が下がり、目標艦が矢のように目前に迫ったときパイロットはエンジンのスイッチを入れて上昇する。こうして彼らは滑空のカンと艦艇の狙い方を学んだ。長さ一六〇メートルの空母でも、上空から見れば豆粒にすぎない。これにうまく体当たりするのは至難のわざであった。

ちなみにこの空母は世界で一番古い小型空母「鳳翔」であったようだ。上海事変や日華事変で活躍した同艦も老朽化のため、第一線から引退していた。

内海西部における実艦標的演習は、十二月二十六日から二十九日まで行なわれた。体当たり訓練をしないときには隊員が三本煙突の空母「鳳翔」に乗り込み、仲間の零式練習戦闘機の攻撃角度や姿勢を見て、研究を重ねた。当時、艦艇は燃料不足に悩んでいたが、桜花隊の訓練のため、巡洋艦はジグザグ・コースをとって走ってくれたのである。

対艦隊演習で自信をつけた彼らは、意気揚揚と神ノ池に帰ってきた。それでもなお、突入訓練は不十分だったといえよう。なぜならば四ヵ月後、わずか数メートルの差で体当たりしそこない、海中に落下する桜花が後を絶たなかったからだ。

十二月中ごろになると、

「神雷部隊は、いよいよ南方作戦に出撃する」

こんな噂が隊内に流れた。

出撃が近づいた。先遣部隊として、辻中尉以下の整備員がフィリピンのマニラへ進出することになった。訓練には一層の真剣味が増した。

横須賀の空技廠では桜花の積み出しに大童であった。もちろん実用弾頭を装備した実戦用マル・ダイである。三〇機の桜花は広島の呉軍港に、こっそりと運ばれた。しかしこのことは、まだ神ノ池の隊員たちには、知らされていない。やがて「奇妙な積荷」は新鋭空母「雲龍」（二万七一〇〇トン）の格納庫内に消えていった。

桜花、東シナ海に沈む

呉軍港の一角では、空母「雲龍」への物件搭載にネコの手も借りたいほどであった。この「雲龍」は、ミッドウェー海戦で沈んだ「飛龍」級の簡易型として建造された空母である。したがって偵察機彩雲三機、新鋭爆撃機流星二四機、零戦にかわる新鋭戦闘機烈風一八機の計四五機を搭載する予定だった。ところが流星や烈風の生産がおくれ、そのうえ熟練したパイロットが不足していたので、八月の竣工以来、瀬戸内海西部で「船」としての訓練を重ねていた。そのためレイテ沖海戦にも参加することができなかった。

飛行機を積まない空母ほど間の抜けたものはない。しかし空母の広い格納庫と長さ一七メートルものエレベーターは、大型貨物の輸送にはもってこいだった。そのうえ、速力も三二ノットはでる。

当時、すでに日本の沿岸には米潜水艦が跳梁しており一〇ノットそこその輸送船が軍需品を満載して南方へ向かっても、三分の一は目的地に到着しなかった。日本海軍は失業した空母に輸送船としての任務を与えた。それは成功し、緊急の軍需品輸送に必要欠くべからざる軍艦となった。

この二、三ヵ月前、すでに空母「龍鳳」（一万三三〇〇トン）や「隼鷹」（二万四一〇〇トン）はマニラや台湾へと軍需品輸送に大車輪の活躍をしていた。レイテ沖海戦で弾薬を撃ちつくした栗田中将の第二艦隊へ「隼鷹」が弾丸運びをした話は有名である。ブルネイの戦艦「大和」らは、あのとき、涙を流さんばかりに喜んだのである。

これに味をしめた連合艦隊司令部は、高速空母「雲龍」にマニラ行を命じた。

すでにレイテ島の戦況は絶望的となり、つぎの目標となるマニラへ大量の軍需品を運ぶ必要があった。マニラへ向かう船団や軍艦は途中、台湾に寄港する。したがって桜花は「雲龍」に積み込まれることになった。海軍のたてた昭和二十年一月における桜花の配備計画では、シンガポールへ四〇機、台湾の高雄へ五八機、台湾の新竹へ三〇機をそれぞれ陸揚げする予定だった。

連合艦隊が台湾へ優先的に桜花を輸送する気になったのは、マニラ上陸を目ざす敵船団が現われたとき、幅四〇〇キロのバシー海峡を飛びこえて側面から敵船団を攻撃させる計画だったからである。台湾はそのための絶好の基地だった。

比島防衛戦に使うために八八機の桜花が送られる計画だったが、「雲龍」にはその第一陣三〇機が分解、箱詰めにされて積み込まれた。したがって「信濃」のときのように、乗組員の目に触れるようなことはなかった。

「雲龍」には、桜花のほかにトラックを中心とする各種の車輛六〇台、爆弾、陸戦用兵器などが搭載された。海軍の便乗者が二四名、艦の固有乗組員は一三〇〇名であった。飛行機を積んでいないので整備員や操縦士も乗らず、空母としては少ない人数であった。そのほかに

南方への桜花配備を担当した空母「雲龍」。改「飛龍」型１番艦として大戦末期に完成した。海戦に参加することなく、高速を利して輸送任務に従事した。

陸軍のグライダー部隊八〇〇名が乗り込んできた。

彼らは百里ヶ原基地にほど近い西筑波飛行場で、ひそかに訓練を重ねた滑空歩兵第一連隊で、レイテ島の敵飛行場に降下、これを占領する予定だった。パラシュート部隊の用具やら上陸用舟艇までもが飛行甲板に結びつけられた。

「雲龍」艦長小西要人大佐は「信濃」艦長阿部大佐と同様、水雷戦隊の出身であった。彼は開戦時に第七駆逐隊の「潮」と「漣」を率い、ミッドウェー島に一二・七センチ砲の艦砲射撃を加えた経歴がある。二五分間にわたって米飛行艇基地に猛射を浴びせたこと、これが彼の自慢の種だった。彼にとって空母の艦長は初めてのことである。ましてや「雲龍」自身にとっても、今回の船出が第一回目の出撃だった。

仕事に疲れた小西大佐は先方に碇泊している第五十二駆逐隊の二隻に目をやった。空母を護衛して行く「樅」と「檜」だ。

「敵潜水艦を頼むぞ」

この二隻は大砲や発射管の数が少なく、速力も二七ノットとややおそいが、敵潜水艦を捕らえる新兵器を備えていた。昭和十九年にはじめて制式兵器として採用された四式水中聴音機と、ドイツ海軍の技術を導入した三式水中探信儀（ソナー）とがこれだ。「雲龍」にとっては心強い用心棒であったろう。

十九年十二月十七日、重油の積み込みも終わった三隻は呉軍港を出港した。桜花としては、日本を離れる最初の船出である。やがて三隻は舵を右に切り、四国を左手に見ながら瀬戸内海を西進、伊予灘を突き進んでいった。

アメリカ潜水艦レッド・フィッシュ（一五〇〇トン）は、八月以来、四隻の日本商船を沈め、十二月九日にはシー・デヴィルと協力して、空母「隼鷹」にも魚雷を命中させていた。マニラへの軍需品輸送から帰る途上の「隼鷹」は、九州西方洋上まできて日本にあと一歩というところで雷撃されたのである。

それからわずか一〇日目の十二月十九日、沖縄の西方約五〇〇キロの海面でレッド・フィッシュはふたたび日本の空母と遭遇した。「雲龍」にとっては出港より二日目のことである。

午後四時二十四分、日本機があらわれたのでレッド・フィッシュはあわてて潜航した。おそらく第九〇一航空隊が貴重な空母の前路を警戒するため対潜哨戒機を飛ばしていたのだろう。その哨戒機は、米潜水艦の至近距離に爆雷を投下した。艦長マックグレゴール中佐は不審に思った。

「ガソリンと飛行機の不足に悩む日本海軍が、この東シナ海にわざわざ対潜哨戒機を飛ばすとは、なにかあるに違いない。これは臭いぞ」

やがて水平線上に駆逐艦二隻が現われ、さらに空母の姿も見えてきた。マックグレゴール中佐は潜望鏡から目を離さず、昂奮した声で叫んだ。

「しめた！　大ものだぞ。総員、戦闘配置につけ」

そんなこととも知らず、「雲龍」はジグザグ・コースをとりながら敵潜水艦に向かってきた。レッド・フィッシュの右舷前方三〇度の方向である。願ってもない位置だった。このとき、第一回の作戦に出陣した桜花三〇機の運命は決まった。

空母を発見してから、わずか八分後、レッド・フィッシュは艦首発射管より四本の魚雷を発射した。距離約五四〇〇メートル。午後四時三十七分、四本のうち一本が空母の右舷艦橋の下に命中した。

たちまち浸水して右に二〇度傾く。艦内には大恐慌が起こった。この間、潜水艦は巧妙にも反対側へ抜け出た。

第五十二駆逐隊司令の座乗する「檜」も危なかった。知らずにレッド・フィッシュの真後ろを通過したとき、敵は艦尾発射管から四本を発射していたのだ。しかし幸いにも、これは命中しなかった。

「反転せよ」

空母「雲龍」の艦橋では、小西大佐が必死に部下を叱咤激励していた。敵潜水艦のいる危険海面を避けて、後もどりしようというのだ。空母は一発くらいの魚雷で沈みはしない。三二ノットの高速力に物をいわせて逃げ切ろうとした。潜水艦は水中で九ノット、浮上しても一八ノットくらいしかでないのだから、追跡をかわすことはできよう。だがこのとき、「雲龍」は右舷に潜望鏡を認め、機銃や高角砲の射撃を開始した。

初めの被雷より八分後に同じく右舷前部に一本の魚雷が命中した。この二回目の雷撃は一本だけ射って、それが命中したのだ。火災が下部で起こった。六分後、それが火薬庫に引火して大爆発を起こした。午後五時、「雲龍」はその姿をまったく波間に没した。艦長小西要人大佐は戦死、護送駆逐艦「樅」に救助された者はわずか一四二名にすぎなかった。桜花三〇機は「雲龍」と共に東シナ海に沈んだ。こうしてに桜花の出陣はまったく呪われた。

第一回の移動で空母「信濃」と共に五〇機が失われ、第二回はまたもや三〇機が空母「雲龍」と運命を共にした。もしこの八〇機が予定通り展開を終えていたら、桜花の初陣は少なくも三ヵ月は早かったはずだ。一度ならず二度までも空母と共に沈められたのである。

それでも日本海軍の誇る新鋭空母と一緒であったことが、水葬された桜花へのせめてものなぐさめであった。

運び屋、一式陸上攻撃機

「雲龍」沈没の翌日、すなわち十二月二十日、皮肉にも第七二一航空隊が強化された。桜花を運ぶ一式陸上攻撃機はこれまで野中五郎少佐の攻撃第七一一飛行隊一隊よりなっていたが、この日から足立次郎少佐の攻撃第七〇八飛行隊も加わり、二個飛行隊で第七二一航空隊を編成するようになった。一個飛行隊の定数は三六機だが、実際にはもっと少なかった。

新しく応援に加わった攻撃第七〇八飛行隊は、従来、有名な第七六二飛行隊（T部隊）に属していたもので、台湾沖航空戦、レイテ決戦ですっかり消耗し、九州へ戦力回復のため帰っていた部隊である。飛行隊長足立次郎少佐は開戦時、高雄航空隊（後の第七五三航空隊）に属し、一七機で米水上機母艦ラングレー（九〇九〇トン）を撃沈、その後ニューギニア方面を転戦したベテランだった。

とにかく桜花は自分では飛べないのだから、どうしても強力な「運び屋」を必要とする。攻撃の成功いかんは実にこの一式陸上攻撃機にかかっていたのだ。

岡山県の水島に三菱重工の飛行機工場があった。そこでは昭和十九年初めから海軍の一式陸上攻撃機ばかりを専門に作っていた。ところが昭和十九年十一月、この工場に奇妙な命令がきた。

「製作中の一式陸上攻撃機の床に穴を開けろ」

若い工員たちは不審そうに首をかしげた。前部操縦席の後方に電信室があるが、その後方ちょうど爆弾倉の上部に縦・横各八五センチの四角い穴を開けろというのだ。

「設計課からの指示に間違いないだろうか」

「本当に穴を開けて、いいのですか」

それは三〇機に一機の割合だったが、昭和二十年に入ると全機にこの細工をするようになった。いうまでもなく、この穴は母機から特攻隊員が下部につけられた桜花に乗り込むための通路だったのである。

大型の戦闘用航空機で重い桜花を抱くことのできるのは一式陸上攻撃機をおいて他になかった。それは日本海軍の誇る世界的爆撃機であった。三菱航空機の本庄季郎技師の頭脳から全世界があっと驚く名機が誕生したのだ。マレー沖海戦で不沈艦プリンス・オブ・ウエルズ

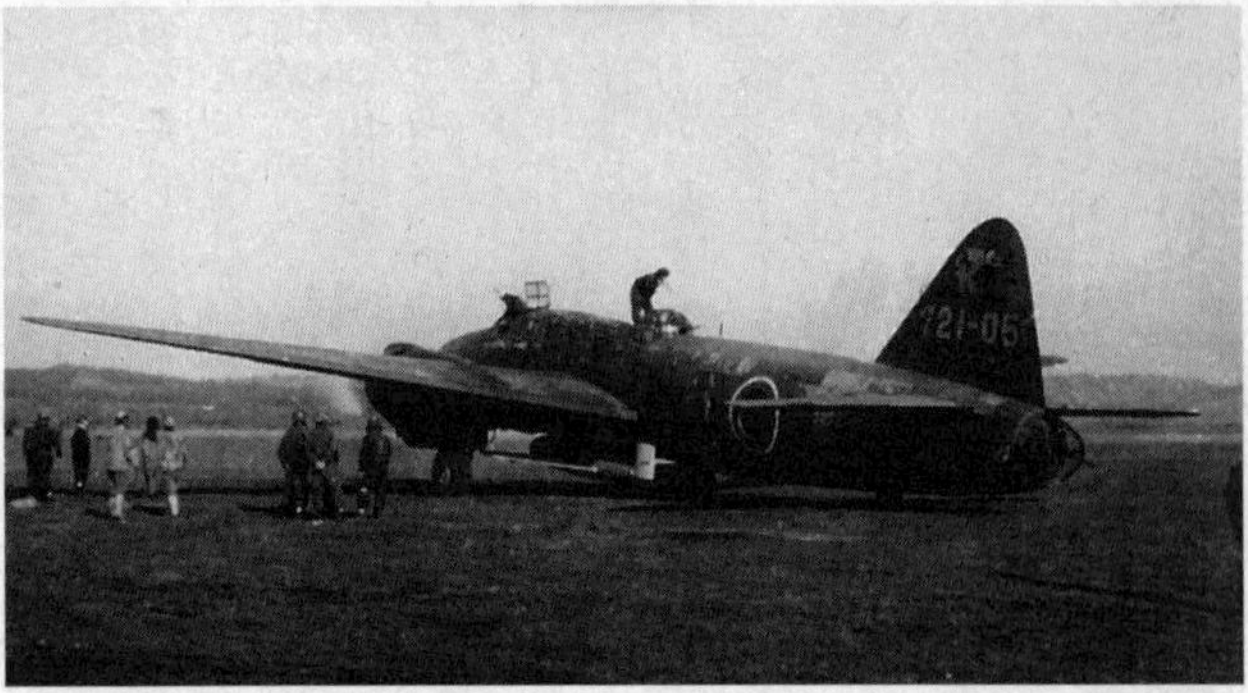

沖縄戦時、鹿屋基地で発進準備中の第七二一空の一式陸攻。胴体下に懸吊された桜花が見える。一式陸攻は桜花発射母機に改造された二四丁型である。

を沈めたのも一式陸攻だった。特攻機と空母機を除けば大戦中、日本海軍航空隊が撃沈した敵艦の八割までが実に一式陸攻による戦果だったのである。

ズングリと葉巻形に太った一式陸攻は、非常に取り扱いやすい、故障の少ない機であった。飛行機の良否はスピードが出るとか機関銃が多いという点ではなく、むしろ要目・性能表に現われない個所にあるといえよう。すなわち、舵の効きがよく、安心して乗れる飛行機で、そのうえ、整備が容易でなければならない。その意味で一式陸上攻撃機は満点だった。

発動機が左右についている大型機なので空母から飛び立つことはできないが、そのかわり桁違いに遠くまで飛べた。ほぼ同じくらいの大きさの米軍機や陸軍爆撃機の二倍近くも遠くまで行かれるのだ。すなわち東京を飛び立って香港やマニラ、マリアナ諸島のサイパン島までも行けるのである。

その長距離ランナーの秘密は、翼を厚くし、ガソリン・タンクをその中にしまい込んだことにあった。

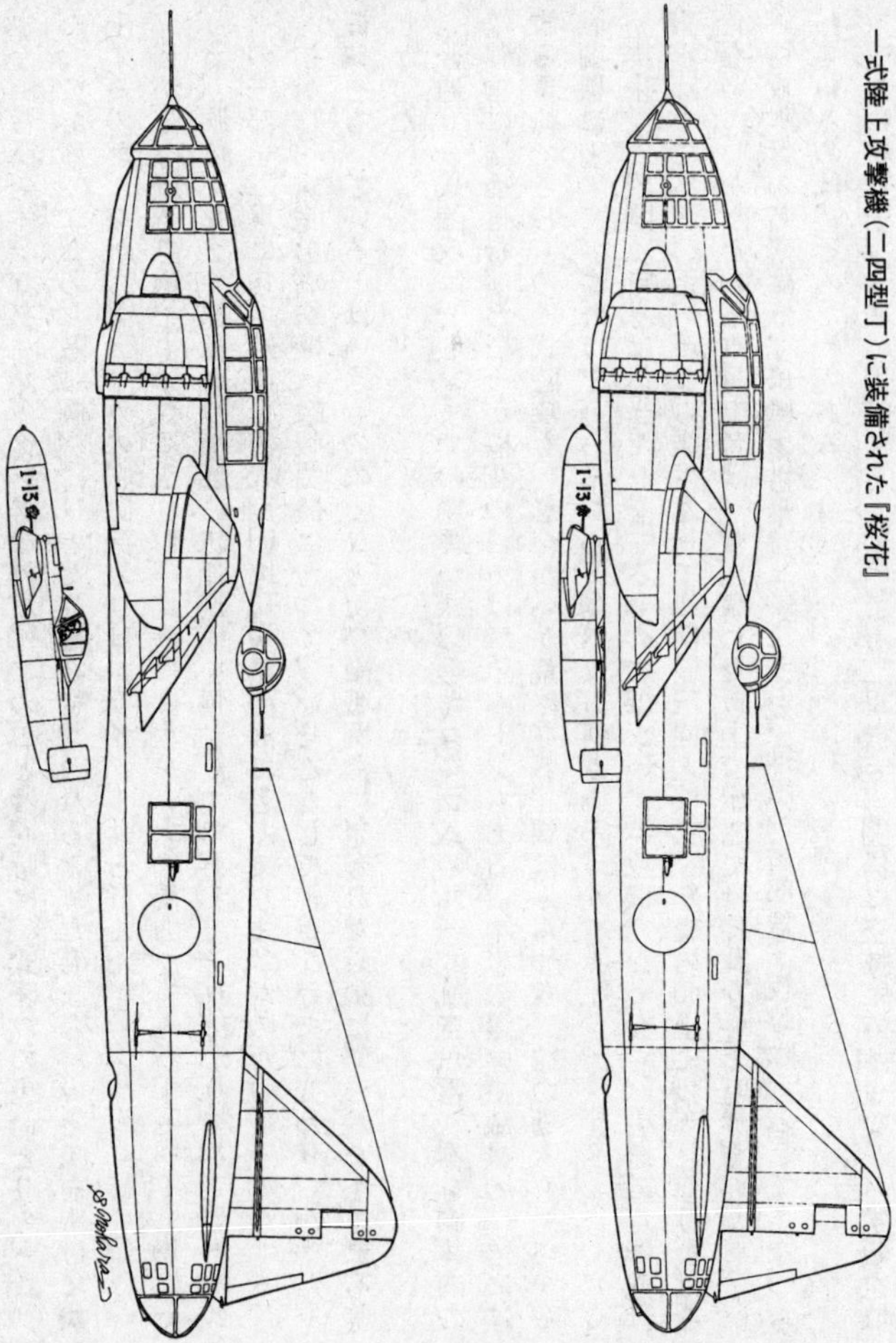

一式陸上攻撃機（二四型丁）に装備された「桜花」

すなわち翼全体がガソリン・タンクなのだ。このことは同時に一式陸攻の生命とりともなったのである。すなわち敵戦闘機にひとたび機銃で撃たれると、たちまちパッと炎を上げて炎上するのだ。だからアメリカの戦闘機乗りは「ライター」と呼んだ。

しかし、桜花を積むよう改造された一式陸攻はエンジンの馬力を一七パーセントも増したうえ、胴体タンクや操縦席の後部に防弾鋼板を張ったのである。そればかりでなく燃料タンクの一部を二重にして外側を消火剤四塩化炭素の液で包んでしまったのだ。

しかし一式陸上攻撃機は敵戦闘機にとって、いぜんとして鈍重なカモに変わりなかった。機銃をもっているとはいうものの、ひとたび敵戦闘機に狙われたら狼に襲われた小羊にも等しかった。

普通、一式陸攻は一トンまでの爆弾か八〇〇キログラムの九一式航空魚雷一本を胴体内の爆弾倉に詰め込む。ところが桜花の目方は二・一トンもある。本来の爆弾搭載量の二倍に達する重荷でさしもの一式陸攻も、息づかいが荒くなる。腰はふらつき、舵の効きも悪い。敵戦闘機にとって、これほど、おあつらえ向きな好餌があろうか。

本来、一式陸攻自身は体当たりをするものではない。特攻機でないなら、生還の可能性はあるはずである。否、かならず生還して二回、三回と桜花を敵艦の頭上に投下しなければならない。しかしその搭乗員七名は一度出撃した以上、生きては帰れないと覚っていた。

特攻隊員の名簿には、母機の搭乗員さえ、「第〇神風神雷部隊、攻撃隊」として名をつらねているのは、そのためである。

一口に桜花を下っ腹に固定するといっても、母機との関係に空技廠では少なからず頭を悩ました。まず一式陸上攻撃機胴体下部にある長さ六メートル、幅一・三メートルの爆弾倉のふたを取りはずす。この下部に桜花をとりつけるのだ。桜花の方も操縦席の前方、上面ほぼ重心の位置に金具をつけ、母機から垂れている装置にこの金具をはめるのである。ぶら下げられた桜花が飛行中、ぶらぶらしないよう、振り止め装置がつけられた。

桜花を突き離すとき、一式陸攻は四二〇キロの最高時速を出す。そのさい、桜花が風圧で浮き上がってしまい、母機の下っ腹と接触しないだろうか。ほかにも問題があった。

「必ずスムーズに離れる金具でなければいかんよ」

空技廠爆撃部の早川仁技術少佐は何回も念を押された。もし外れ方に円滑を欠くと桜花は母機と衝突するおそれがあった。

「よし、爆管式のものにしよう」

実験が成功したとき、彼は安堵の胸を撫で降ろした。

離脱は母機側で操作する。すなわち桜花パイロットは、頭上の戦友の手で空に投げ落とされる格好だ。母機と桜花とを結ぶ交話用伝声管もつけられた。

濃いグリーンに塗られた一式陸上攻撃機は、連日、神ノ池で練習用桜花の投下訓練に余念がなかった。

十一月の末、桜花パイロットは四グループに分けられた。一個分隊が約三二名（定員）よりなり四分隊になったのである。

分隊長は四人とも海軍兵学校を卒業した大尉で桜花第一分隊長は七〇期の平野晃大尉、彼は殉職した刈谷勉大尉と同期である。第二分隊は真っ先に戦死する三橋謙太郎大尉。続く第三分隊長は湯野川守正大尉である。彼は三橋大尉とクラスメートで、昭和十七年十一月に兵学校を卒業した第七一期だった。これより約二ヵ月おくれ、南九州に出陣する第四分隊長は林富士夫大尉である。

母機と桜花とはぴったりと呼吸が合わねばならない。平素から自分の「相手」と精神的交流を保つことが必要である。そこで第三桜花分隊は攻撃第七〇八飛行隊（足立次郎少佐）に、第二および第四分隊は二ヵ月先輩の攻撃第七一一飛行隊（野中五郎少佐）に配属された。これら四個分隊の桜花八四機こそ第七二一航空隊の実質的戦力なのだ。

なお平野晃大尉の第一分隊だけはベテランぞろいであり、とくに後輩の指導にあたるべく直属の母機隊をもたなかった。

一個分隊は約三二名を定員としたが、桜花は二七機で一単位とされた。この一単位が全滅してしまったら、つぎつぎと養成される新手の分隊が母機とコンビを組むのである。

昭和二十年一月四日より七日にかけてこの約一二〇名は分隊ごとに上京した。田舎出の若い隊員の中には生まれてはじめて東京を見たものもあったろう。すでに二ヵ月前から首都はB29の爆撃下にあった。彼らは、まず二重橋の前で天皇陛下に出陣の報告をし、それから靖国神社に参拝した。

「自分たちも、すぐここに祭られるのだ」

ひときわ身のひきしまるのを覚えたに違いない。つづいて原宿の明治神宮にもお参りした。

「いよいよ出陣だ」

一月十七日には、天皇陛下が侍従武官を神ノ池に派遣・激励された。隊員たちはこの天皇の厚意に感激の涙にむせんだ。彼らは唇をかんで南の空を見上げた。

第三二一〇設営隊の進出

どうみてもタルんだ部隊だった。ボタンは、はずしっぱなし。敬礼の仕方も、なっていなかった。ポケットに手を突っ込んだまま寒そうに首をすくめているものもいる。第三二一〇設営隊というのが、この部隊だった。約三〇〇名の隊員中、海軍士官は約一五名、技師四名で大部分は徴用された軍属である。軍属の内容は鉱夫、土工、石工、人足、発破穴掘りと大工などであった。労働力の大半は朝鮮半島の出身者である。

ここ九州に集められた隊員は三ヵ月間のインスタント訓練を受けて、一つの部隊に成長した。隊内では絶え間なく喧嘩、バクチ、窃盗、逃亡があった。

設営隊長の山根巌技術少佐は天を仰いで嘆息した。こんな連中を率いて出撃しなければならないのだ。大学の建築科を卒業した彼は請負人足を使うことは慣れてはいたが、今回命ぜられたような仕事は初めてだった。それは特攻兵器、桜花と回天の基地を作ることだ。

いままでに一八九の設営隊が編成されていたが、そのほとんどが飛行場の建設で残りが防御陣地の構築だった。

長崎県の佐世保鎮守府がこの部隊を編成したのは昭和十九年十月二十日のことであった。桜花の最初の投下実験に先立つ三日前だ。施設本部は数台のトラックを回してくれただけでけっきょく頼むのは人海戦術だけだった。

「フィリピンの戦況が絶望的である現在、アメリカ軍の次の目標は台湾か中国大陸の東岸であろう」

これが、大本営の見通しであった。したがって台湾に上陸されたときには沖縄が前進基地となる。陸海軍共に昭和十九年の末から沖縄の戦備の充実に勤めた。桜花も、五〇機が沖縄に配備されることになっていた。

連合艦隊では、いずれ第七二一航空隊をここに進出させる予定であった。そこでまず、お荷物の桜花を沖縄に送っておく必要がある。飛行場の片隅にトンネルを掘ってかくしておけば、後に母機と乗員が到着したとき、すぐ出撃が可能だからだ。

第三二一〇設営隊は、その基地作りに沖縄へ派遣されたのだ。その第一陣は昭和二十年元旦、鹿児島港から大信丸（一三〇四総トン）に乗り込んだ。

一月三日、船齢四十歳にも達する大阪商船の貨客船大信丸は錨を上げた。

鹿児島から沖縄の那覇に向かう船団は出入港の頭文字をとって「カナ第〇〇船団」と番号で呼ばれていた。このルートの一番の脅威は、まだ飛行機ではなく、潜水艦だった。一ヵ月前、佐多岬のすぐ沖で南洋海運の「はわい丸」（九四六七総トン）と川崎汽船の安芸川丸（六八五九総トン）が米潜水艦シー・デヴィル（「あんこう」の意、一五二五トン）にたて続けに沈められていた。

初めての船旅に、沈んだ顔の設営隊員も多かった。何回も救難訓練をくり返しながらも船は九ノットで南西に進んだ。それでも大信丸は運が強かった。出港一〇日目の一月十三日、ついに目的地の沖縄へ入港したのである。

る先発隊に続き、本隊も佐世保を出港した。三方を山に囲まれ、天然の美に富む佐世保を去るとき、山根技術少佐は上甲板で祖国の姿が見えなくなるまで立ち続けた。この航海も危険きわまるものだった。しかし本隊も先発隊と同様、無事沖縄に到着することができた。那覇の町に、第二陣が到着したのは二月十九日のことであった。

さて第三二一〇設営隊は、南部の小禄にある沖縄根拠地隊司令官大田実少将の指揮下に入った。

「頼むぞ。ひとつ立派なやつを作ってやってくれ」

陸上戦のオーソリティーである大田少将は、童顔をほころばせて歓迎してくれた。

実際の構築作業が始まったのは到着九日後の二月二十八日だった。すなわち、一部は中頭という漁港に人間魚雷回天の基地を、また本隊は嘉手納にある飛行場に桜花の掩体とカムフラージュとを作り始めたのである。

この嘉手納飛行場はがんらい陸軍の基地で台湾に司令部をおく第八飛行師団（誠兵団）の飛行隊が使用していた。

冬とはいえ、設営隊員は上半身裸体となって土運びに精をだした。

「ウヘー、ちっちゃい飛行機だなあ。こんなもので飛べるのかい？」

労務者たちは銀色に塗られた約三〇機の桜花が荷ほどきされたとき、驚きの声を上げた。

しかし仕事は思うように、はかどらなかった。

「いつ米軍が攻めてくるかも知れない。早くしなければ！」

山根技術少佐は次第にあせりを感じはじめた。

南九州へ南下す

ドアをノックして従兵がメモをもってきた。岡村大佐はその電文に目をやって小さなウナリ声を上げる。

「第七二一航空隊ハ南九州へ進出セヨ」

連合艦隊命令である。

ついにきた。隊内にドッと歓声が上がる。

神雷部隊の門出を祝って盛大に出陣式が行なわれた。

昭和二十年一月二十八日以降、一式陸攻は少数機ずつ南西へ向かった。

「さらば神ノ池よ、またくるまでは……」と、当時流行した『ラバウル小唄』の変え歌を誰もが口ずさんだ。わずか三ヵ月ではあったが神ノ池の思い出はつきない。基地ではまだ訓練の終わっていない後期神雷隊員が、帽子を振りつつ見送ってくれた。

神ノ池から九州までは一式陸上攻撃機で約四時間の飛行である。彼らは富士を足下に眺めつつ、日本列島の三分の二を飛んだ。

第七二一航空隊は、まず鹿児島県の出水基地に着陸する。ここには二年前から陸上練習機の養成部隊があったが、小さな基地は精鋭部隊の到着にごった返した。

やがて神雷部隊は三基地に分散するよう命ぜられた。まず足立次郎少佐の攻撃第七〇八飛行隊は鹿児島飛行場に進出した。鹿児島基地は予科練の養成部隊があった。しかしこの基地は手狭なので間もなく宇佐に移った。ここには艦上爆撃機や艦上攻撃機の養成部隊が訓練にはげんでいたが、彼らにとって神雷部隊の登場はいかにも力強く感じられた。

つぎに野中五郎少佐の攻撃第七一一飛行隊は宮崎基地に進出した。ここには有名なT部隊の雷撃機（第七六一航空隊）が先客として駐留していた。野中少佐は古風な陣太鼓をたたいて搭乗員集合を合図する奇習があったから、現地の航空隊では首をかしげた。

「変わった奴がきたものだ」

この部隊には三橋謙太郎大尉の桜花第二分隊と後に林富士夫大尉の桜花第四分隊とが配属されている。この野中隊は一ヵ月もたたぬうち、鹿児島県鹿屋へ進出した。

桜花母機となる攻撃第七二一飛行隊の一式陸攻を率いた野中五郎少佐。

鹿屋基地では二十年一月末には飛行場内に一〇ヵ所の桜花隠蔽所と、そこから滑走路に至る誘導路まですでに完成していた。桜花二八機は数機ずつ、この一〇ヵ所に分散、トンネル内に格納された。

ここでわれわれは神雷戦闘機隊にふれねばなるまい。第七二一航空隊は一式陸攻九二機よりなる部隊であるが、これを護衛する零式戦闘機九二機ももっていたのである。がんらい岡村大佐は戦闘機乗りであった。なにしろウスノロの母機を守る戦闘機がなくては、神雷の成功はおぼつかない。もちろん母機の出撃のさい、他の部隊からも戦闘機の応援を頼むわけだが、平素から顔見知りの仲間に守ってもらった方が心強い。だから彼らは常に一式陸攻との協同訓練をくり返したのである。同じ桜花搭乗員でも、腕の立つ者はスカウトされて護衛の戦闘機に乗せられた。いうまでもなく、体当たりする桜花よりも、敵戦闘機の妨害を排除し、母機を守る零戦の方が高等な技量を要するためである。

戦闘第三〇六および三〇七飛行隊が第七二一航空隊の零戦部隊であった。戦闘第三〇六飛行隊は五ヵ月前のレイテ島防衛戦で史上初の特攻隊を出した第二〇一航空隊の片割れなのだ。それが疲労したため、内地で戦力回復をはかり、新編の神雷部隊に編入されたのである。二つの戦闘機隊を統轄指揮するのは目玉の大きい神崎国雄大尉であった。

このように第七二一航空隊の使用機は一式陸攻、桜花、零戦と三本立てとなったので、複雑さを避けるため岡村司令は副長の五十嵐周正中佐に戦闘機を一任し、自らは攻撃機の管理に専念した。岡村大佐の女房役を演ずる五十嵐中佐は兵学校の卒業が昭和三年、第五六期生で、ここにくる前には、台湾にある高雄航空隊（練習、教育部隊）の飛行長だった。

さて攻撃隊と前後して神雷戦闘機隊も九州宮崎県の陸軍飛行場、都城へ前進した。しかしなにしろ血の気の多い連中のことだから陸軍との喧嘩が絶えない。陸軍も第六航空軍（靖兵団）の傘下兵力の一部をここにおき、振武隊と号する特攻隊を発進させていたのである。

そこで二月中旬、彼らは野中隊のいる宮崎航空隊に移った。ところがここもがんらいT部隊の銀河の基地なので邪魔者扱いされ、やっと宮崎県富高に安住の地を見出した。南国情緒豊かな日南海岸に臨むところだ。約九〇機の零式戦闘機は濃いグリーンに塗られ、出撃準備を整えた。

二月十日、第五航空艦隊が新たに編成され、宇垣纏中将がその新司令長官に就任した。第五航空艦隊はすぐ戦うことのできる六つの航空隊を合わせた大兵力で、もちろん第七二一航空隊もその中核をなしていた。いわば日本海軍のホープであり、この第五航空艦隊のみが、ひとり米空母を倒すことのできる兵力だったのである。沖縄戦に備えて作られたこの兵力の所轄は西日本全域にわたり、司令部は鹿児島県鹿屋におかれた。

第五航空艦隊に編入されたことは、神雷部隊の士気をいやが上にも高めた。司令長官宇垣纏中将は岡村大佐に輪をかけたような闘将だったからである。山本五十六大将の下で連合艦隊参謀長をやった彼は、レイテ沖海戦では第一戦隊司令長官を勤めた。第一戦隊とは「大和」「武蔵」「長門」の大戦艦よりなり、その司令官は海軍士官のあこがれのまとだったのである。

沖縄戦の海軍航空の主軸となった第五航空艦隊の司令長官宇垣纏中将。

さしもの巨砲も航空機の前には歯が立たないことをいやというほど思い知らされた彼が、今度は一大航空艦隊の長官となったのだ。明治四十五年に海軍兵学校を卒業した彼は、特攻隊の創始者、大西瀧治郎中将より一クラス下で、五十五歳になったばかりであった。後に終戦時、爆撃機彗星に乗り込んで自ら沖縄の米艦隊に体当たりを敢行、壮烈な戦死を遂げたことでも、彼の真面目がうかがえよう。

「勇将の下に弱卒なし」第五航空艦隊の傘下にはつぎの六つの航空隊が配属され、はるか南西、沖縄の空を睨んだのである。

第二〇三航空隊	零式戦闘機	南九州笠ノ原
七〇一航空隊	艦上爆撃機彗星	南九州国分
七二一航空隊	神雷部隊戦闘機	鹿屋、宇佐、鹿児島、宮崎
七六二航空隊	高速爆撃機銀河、一式陸攻	南九州宮崎
八〇一航空隊	飛行艇、水上偵察機、陸上攻撃機	四国詫間
一〇二二航空隊	零式輸送機	南九州鹿屋
南西諸島航空隊	基地任務	沖縄
九　州航空隊	基地任務	南九州鹿屋

さて、第五航空艦隊が編成された昭和二十年二月十日、奇しくも同じ日に米機動部隊もカロリン諸島ウルシーにある秘密基地から出港した。午後六時、まず駆逐隊が対潜警戒に出港、続いて空母や戦艦も錨を上げる。一六隻の空母、九隻の戦艦、一四隻の巡洋艦、七五隻もの駆逐艦の出港は、さぞや壮観であったろう。

「安全ナル航海ヲ祈ル」

ウルシー基地では艦隊に信号を送った。

「ヘイ・ジョー。今度の出撃では何隻が賭けようじゃあねーか。ビール半ダースだ」

「OK、俺は二隻」

「俺は三隻に賭ける」

作戦の度ごとに一、二隻の空母が特攻機にヤラれ、傷ついて帰ってくるのが常であった。基地隊の水兵は呑気なものだ。味方の空母の損傷を賭けの種にしようというのだ。

第五艦隊司令長官レイモンド・スプルーアンス大将は旗艦である重巡インディアナポリス（九九五〇トン）の長官室で書類の頁をめくっていた。金髪で学者肌の彼は、一一四隻もの機動部隊を五つのグループに分け、これから日本本土爆撃に行こうというのだ。

その目的は二月十九日に予定されている海兵隊の硫黄島上陸作戦の間接掩護だった。日本本土の飛行場をあらかじめたたいておけば、上陸に際して航空機の反撃が少なくてすむ。いかにもアメリカ人らしい、着実なやり口だった。

西の沖縄と東の硫黄島、大本営では米軍のつぎの目標がどちらかと悩んだ。そして沖縄の方を重視した。第五航空艦隊の九州進出をはじめとして日本海軍の目が西へ向いたのはそのためである。

ところが物量を誇るアメリカは、ほとんど同時に二つの攻略作戦を行なうことができたのだ。まずB29の東京空襲に重要な「鍵」となる硫黄島を占領、返す刀で一ヵ月の後、沖縄へ上陸しようというのだ。したがって東日本はガラ開きに近い状態だった。アメリカ機動部隊は意外や日本本土の東南からしのび足で接近していたのだ。

いわば神ノ池の神雷部隊は裏口から強盗に入られる格好となったのである。第七二一航空隊の留守部隊には刻々と危険が迫ってきた。

神ノ池、空襲さる

「発進準備よろし」の旗が、するすると上がる。米機動部隊は二月十六日の午前六時、東京のわずか二二〇キロ南東にまでしのび寄り、空母機を三波にわたって発進させた。房総半島の先端から一〇〇キロの距離だ。

その日は雨が降り、雲が低かったので日本偵察機は足音を忍ばせてきた敵空母を発見することができなかったのである。

空母機の第一波はグラマンF6FヘルキャットとF4Uヴォート・シコルスキーの両戦闘機で、彼らの目標は南関東に散在する日本陸海軍の飛行場と航空機工場である。神風機に恐れをなした米空母は、一月以降、戦闘機を多く積み、これに小型爆弾か一二・七センチのロケット弾八発を装備して日本空襲に使っていた。米空母機は飛行場のほか関東地区にある中島飛行機製作所の各工場を爆撃目標にした。

神ノ池に殺到したのはラドフォード少将麾下の第四空母部隊に属する空母ヨークタウン（二万七一〇〇トン）とランドルフより発進した二つの戦闘機隊であった。ヨークタウンからは、第三戦闘機中隊のグラマンF6Fヘルキャットがつぎつぎと発進した。

中隊長フリッツ・ウォルフェ少佐は、マイクを通じ部下に次のように伝達した。

「もし不幸にして被弾、不時着する場合、カスミガウラ湖をえらべ。ここはわれわれの目標コウノイケの西北二〇キロにあたる」

ヨークタウン機とランドルフ機とはコンビを組み、前者が神ノ池を攻撃中に日本戦闘機に喰いつかれないようゲイラー中佐の第一二戦闘機中隊が上空で見張る手はずが整った。

ところが神雷基地奇襲に突如割り込んできたのは、第一空母部隊に属する新鋭空母ベニントンの艦載機であった。同艦にとっても今日が初陣である。同艦には海軍機以外に、海兵隊の二個中隊が乗艦しており、そのハーマン・ハンセン少佐の海兵第一一二戦闘中隊が、高速のF4Uコルセア戦闘機で神雷基地に向かって北進中だった。

このとき神ノ池には第七二一航空隊の残留部隊として十数機の一式陸上攻撃機（田淵大尉）と第一分隊の桜花隊員とがいた。

そこへ意外な「来客」が訪れたのである。昨年の十二月八日には敵機動部隊機の来襲を予想してわざわざ一式陸攻を松島飛行場に退避させたほど慎重であったが、今度はまったく不意をつかれた。米空母が、この一ヵ月間本土の東南方にあることはわかっていた。それだけにやたらと不必要な空襲警報が発令され、いつも何事もなくすんでいたので油断していた。

もう一つの失敗はB29による空襲との混同だった。この三ヵ月間、サイパン島方面の米第二十一爆撃集団は東京への戦略爆撃をくり返していた。したがって、また例のB29かと思うだけで、北関東の飛行場は一向に臨戦態勢に入ろうとしなかったのである。

さらに悪いことは、千葉県の銚子、白浜や静岡県の下田にある陸軍乙型レーダーの調子が悪く、いずれも敵機をキャッチしそこなったことだ。

なんといっても奇襲されたのは痛い。

「空襲」

双眼鏡を手にした見張員が叫び、空き缶が連打された。警報の合図だ。総員が戦闘配置に走った。

ズングリと太った、見るからに憎々しげなブルーの敵戦闘機が不気味な唸り声を上げて急降下してくる。基地には一面に海軍機が並んでいる。ずらりと地上に整列した飛行機は敵機の好目標になった。コルセアやヘルキャットの翼に収めた六梃の一二・七ミリ・ブローニング機銃が火を吐いた。一機が終わると上空で順番をまっていた別の一機が機銃掃射に突っ込んでくる。

もちろん基地の九六式二五ミリ機銃も鳴り続けた。しかし地上から撃つ機銃は滅多に命中しない。

陸軍の第十飛行師団（天翔兵団、近藤兼利中将）では、つぎつぎと戦闘機を上げたが、散発的な離陸だったので大した戦果もあがらなかった。神ノ池の上空でも陸軍の二式戦闘機鍾馗が防戦に舞い上がったけれど、多勢に無勢、たちまち一機がコルセアに撃墜されてしまう。逃げおくれた一式陸上攻撃機も、上空から海兵隊機に機銃を浴びせられ、つぎつぎと地上で燃えはじめた。

「あっ、母機が焼ける」

基地では一瞬、固唾をのんだ。滑走路には縦横無尽に土煙が上がった。

宿舎や倉庫、修理工場も燃えはじめた。一時間ののち、神ノ池はもうもうたる黒煙に包まれていた。桜花を投下できるよう改造された一式陸攻は、けっして多くない。飛行場では神雷部隊隊員たちがいつまでも燃える一式陸攻を呆然として眺めていた。

「陸攻一〇機炎上」のニュースは、その日のうちに九州にいる神雷部隊主力に伝えられ、彼らを失望させた。確かに東日本を守る寺岡謹平中将の第三航空艦隊は九州の第五航空艦隊よりずっと少なく、練度も低かった。その人員の大半は練習航空隊を卒業したばかりのヒナ鳥だったのだ。

朝のうちに第七二一航空隊残留兵力を襲ったヨークタウンの戦闘機は、二月十六日の十一時、母艦に帰ってきた。編隊長は昂奮した面持ちで報告した。

「なにしろ驚いたことには古風な複葉機が各飛行場にあったことです。ジャップはもう新鋭機などもっていないのでしょう。なおコウノイケだけには旧式機でない型がウヨウヨしておりました」

彼らは神ノ池基地に不審の念を抱いたが、まだ特攻ロケット桜花の存在を知らなかったのである。

翌二月十七日、再度空襲をくり返したアメリカ機動部隊は満足げに南の水平線に消えていった。

宇佐での被爆

昭和二十年三月、臨戦態勢の整った野中部隊は鹿児島県の鹿屋で戦機の熟すのをまった。

ここには第五航空艦隊の司令部があった。そして直径一〇キロにも及ぶ大飛行場に、各種の部隊がところせましと並んでいた。

神雷部隊の進出で鹿屋飛行場はいやが上にも殺気立った。三月七日の夜、宇垣中将は桜花を見学した。艦隊司令長官もまだこの秘密兵器を見ていなかった。彼は銀色に塗られた不気味な機体に、一瞬、驚きの声を発した。

夜が明けてから、宇垣長官は神雷部隊の出撃訓練を視察した。テキパキとした隊員の動作は、彼にたのもしさを与えずにはおかなかった。

「野中少佐、頼んだぞ!」

下駄をひっかけた髭だらけの若い士官に対し、宇垣中将は両手を合わせたい気持に追いやられたことであろう。

「奇人、野中少佐」

確かに彼は変わっていた。部下には全員赤フンドシを強制したし、「八幡大菩薩」と大書した数条の幟《のぼり》を常に風になびかせていた。チャキチャキの江戸ッ子である野中少佐は自分の部隊の攻撃を、「野中一家のなぐり込み」と称していた。いかにも彼らしい表現で、また、その言い回しがピッタリなのも悲壮感がある。

彼の兄、野中四郎陸軍大尉は二・二六事件に連座し刑場の露と消えた。こう書けばその弟の熱血漢ぶりがうかがえよう。小柄な彼は広島県江田島の海軍兵学校第六一期、昭和八年の卒業だった。成績も常にクラスのビリだったというが、その頭から彼は夜間超低空雷撃戦術を考案している。

敵のレーダーを避けつつ全機が敵空母の周囲をぐるぐる旋回し、チャンスのあるものから各個に突撃に移る方法である。従来の戦術のように隊長機の合図で一斉に魚雷を投下することが、いたずらに被害を大きくするもとだと覚ったからに外ならない。「野中組の車がかりの戦法」というのがこれだ。彼は第七五二航空隊にいたころ、昭和十八年十一月のギルバート諸島沖航空戦で、この珍戦術を実施している。

抹茶を立てて精神の修養に勤めたという一面をもつ三十五歳の野中五郎少佐は、けっして凡才ではなかった。ファイトあふれる彼を、神雷部隊の攻撃第七一一飛行隊長とした人事は、けっして間違っていなかった。

〝南無八幡大菩薩〟の幟は、神雷部隊野中隊の意気込みと部隊の団結力を示す象徴だった。

しかし、当の彼自身、死の直前に次のように桜花を批判していることは注目に値しよう。

「神雷作戦には、まったく自信がない。俺はたとえ国賊とののしられても桜花だけは司令部に断念させたかった。上層部は『マル・ダイを投下したら母機はすみやかに帰れ』といっているが、いままで起居を共にした部下が体当たりするのに、どうして自分だけがオメオメと帰れるか」

まさに憂国青年の血の叫びでなくて、なんであろう。変わり者として通っていた野中少佐が、ここまで考えていようとは、野中一家の若い衆はもちろん、岡村司令も宇垣長官も気づかなかったろう。

しかし、軍隊というところは命令批判は絶対に許されない。どうせ死ぬ部下なら、疑惑をもたないままで死なせてやりたい。部下を動揺させないため、彼は唇をかみしめて二週間の後、死んでいったのである。

三月十四日、アメリカ第五十八機動部隊はカロリン諸島ウルシーの基地を出撃した。二週間後に迫った沖縄上陸作戦の準備として、九州に集結した日本機を破壊する目的である。

三日ののち、敵側の通信を傍受、暗号解読に成功したわが通信隊は、敵空母がすでに基地を出港したことを探知した。日本側では警戒を厳重にして待ちかまえた。空母一六隻、新戦艦八隻、巡洋戦艦二隻、巡洋艦一四隻、駆逐艦一〇〇隻にも及ぶ敵大艦隊だ。しかもそれが四グループに分かれているのだから油断ができない。

三月十七日の真夜中、わが索敵機三機はそれぞれ異なった目標を発見した。黒光りする顔をほころばせて、宇垣中将は十八日の未明、第五航空艦隊に出撃を命じた。

暗闇の中を第七六二航空隊の一式陸上攻撃機や銀河、第九〇一航空隊の天山艦上攻撃機などが続々と発進した。しかし桜花には出撃命令が出なかった。

日本機は四国の南方を航行中のラドフォード少将の第四空母部隊ばかりに殺到した。彗星はヨークタウンに命中弾を与えて神ノ池での仇を討ち、一式陸攻も空母イントレピッドを小破させた。さらにベテランのエンタープライズにも単発機の二五〇キロ爆弾一発が命中したが惜しくもこれは不発弾となった。

その間、米空母も九州の南東わずか一五〇キロにせまってつぎつぎと空母機を発進させた。しかしわが航空隊では、未明から不要の航空機を北の飛行場へ待避させていたため地上における航空機の損傷は比較的少なかった。

三月十八日も午後になると、「我レ敵空母ニ突入ス」という無電が次々と入ってくる。

いまこそ戦果拡大のチャンスだ。腕組みをした宇垣長官は命令した。

「よし、神雷を出せ！」

しかし鹿屋の司令部では通信が戦闘のためまったく混乱していた。敵空母に向かった各部隊から入る無電と各航空基地への命令で、通信兵はネコの手も借りたいくらいだった。いちばん痛かったのは、電話線が切断されて連絡がとれないことであった。そのうえ、敵空母機の空襲は波状的に続き、一つのグループが去ってほっとすると、すぐ、別の数機が現われるという始末だった。

したがって二つの神雷部隊に命令がとどいたのはかなり経ってからのことであった。ところが鹿屋基地も早朝から混乱し、攻撃第七一一飛行隊が発進しようにも、第七六二航空隊の銀河がじゃまで出撃できない。

おそらく少佐は、一式陸攻の床が抜けんばかりに地団駄を踏んでドナリ散らしたことであろう。敵機の空襲の被害を避けるため、銀河も一式陸攻も共に二、三機ずつ分散、カムフラージュしてあるので、数少ない整備員では短時間に出撃準備が整わないのだ。けっきょく、鹿屋ではチャンスを失い、とうとう第七二一航空隊は出撃を見なかった。

この間、宇佐では鹿屋より基地も小さいだけにさほどの混乱はなかった。足立治郎少佐の攻撃第七〇八飛行隊は、湯野川守正大尉の桜花第三分隊を下っ腹にかき抱き、出撃準備を急いだ。目標は四国南方約二五〇キロの敵空母。すでに宇佐航空隊では午前五時三十分、「配置ニツケ」の号令がかかり、同隊の陸上攻撃機二〇機が四国南方に飛んでいた。だから神雷部隊のみがとり残された格好だった。飛行学生たちが練習用の艦上攻撃機に乗って島根県の美保飛行場へ退避したのち、グラマンF6Fの四機が基地上空に現われた。

宇佐には日本戦闘機はない。敵機は午後一時、ゆうゆうと急降下を開始する。基地の九七式七・七ミリ機銃がはかない応戦をこころみた。たまたま神雷部隊も発進準備を完了し、飛行場に整列していた。そして別れの盃をかわそうとしていた一瞬の出来事であった。

完全なる奇襲である。空母機は地上に並んだ一式陸上攻撃機に対し、一二・七センチのロケット弾を発射した。オレンジ色の焔が敵機の左右の翼の下で火を吐いたと思うとロケット弾が黒煙を噴きつつ飛びこんできた。(米兵たちが「聖なるモーゼ様」と仇名したこの空対地ロケットは昭和十九年秋から使用された新兵器だった。それは長さ一・五メートルの筒状のミサイルで、重量は約六〇キロ。小型爆弾一個とほぼ同じ重さだが、破壊力が強かった)

ガソリンを満タンにして待機中だった母機は燃上した。滑走路では各所で誘爆が起こり、もはや手のつけられない状態となった。

「しまった!」

出撃を前に隊員は顔色を失った。しかし地上での被害だったため母機搭乗員も桜花搭乗員にも、人員の死傷がなかったのは不幸中の幸いであった。

こうして神雷実戦部隊もまた、その母機一式陸上攻撃機の何割かを失うに至ったのである。第七二一航空隊にとって再度のつまずきであった。母機部隊の半分近くが地上で非業の死を遂げたのだ。

野中隊、発進す

米機動部隊は翌三月十九日も空襲をくり返した。二十六日の沖縄上陸（慶良間諸島）前に、じゃまになるものすべてを取り除いておく考えであろう。

この日は特攻隊基地のほか、瀬戸内海、呉軍港にも空母機が殺到した。そして、空母「葛城」「海鷹」「鳳翔」「天城」「龍鳳」、戦艦「日向」「榛名」、巡洋艦「大淀」「利根」などに大小の損傷を与えた。しかし日本側も第七六二航空隊の銀河が空母フランクリンに瀕死の重傷を負わせ、第七〇一航空隊の彗星もワスプに一発の直撃弾を与えていた。この二日間に一六隻の米空母のうち三隻が戦列を離れて修理に帰っている。

「いまだ。全航空隊、追撃に移れ」

宇垣中将はやる気十分だった。

ところが東京の軍令部は彼に批判的だったのである。

「強気の宇垣はなにをやらかすか分からん。少し手づなを引きしめなくては……。このままだと敵が本当に沖縄に上陸するころには第五航空艦隊は元も子もなくしてしまう」

上層部ではこの辺で宇垣にブレーキを掛けようかと話し合った。しかし軍令部次長の小沢治三郎中将（後の連合艦隊司令長官）は、これを一笑に付した。

「ばかな。いまさら、やめられるか」

中央での、そんな思惑はつゆほども知らぬ宇垣中将は、二十日の夕刻、神雷部隊に対し、明日の出撃準備を下命したのである。

夜間偵察機は敵機動部隊を再度、発見した。その報告によると、敵空母は一〇ノット程度の低速力で南西に向かって退却中というのだ。いまこそ桜花使用の絶好のチャンスだ。宇垣長官はそう信じて疑わなかった。

明くれば三月二十一日。早朝、第七六二航空隊の高速偵察機五機が南へ索敵に飛んだ。それぞれの方向へ三八〇キロの速度で二時間飛び、ひき返してくるのである。

その中の一機、松本良治少尉を機長とする彩雲が帰投針路に入ったとき、右翼前方下の海面に目ざす敵空母を発見した。電信員は直ちに無電のキイをたたく。

「敵付近の天候快晴。雲量一～二。視界五〇キロ」

十一時三分に打電されたこの報告に、宇垣長官はにっこり笑った。

この二、三日不順だった天気も申し分なく回復し、雲はほとんどない。そもそも桜花は、敵艦の三〇～四〇キロ手前で母機から放たれるものだ。それなら五〇キロという今日の視界は十分といえる。いまこそ桜花の使用にはうってつけの天象条件である。

出撃が下命されるや、第七二一航空隊司令岡村基春大佐は第五航空艦隊司令部に駆け込んだ。そして参謀長の横井俊之少将に要求した。

「護衛の戦闘機はもっと出ませんか」

横井少将はマリアナ沖海戦で空母「飛鷹」の艦長をやったこともあり、永らく航空畑を歩いてきた人物だった。そして飛行機に関してはズブの素人である宇垣長官のよき女房役を勤めていたのである。

「第二〇三航空隊に全力出撃を命じてあるが、損傷機が多くて零戦五五機が精一杯だといっている。それでは足りんか？」

第二〇三航空隊とは、同じく第五航空艦隊の指揮下にある零戦一八四機の部隊であったが、三月十七、十八日、空母機の奇襲で多くの損傷を出し、修理にテンテコ舞いの状況下にあったのである。

第五航空艦隊司令部付として鹿屋にあった中島正中佐はそのときの様子を次のように記している。（『神風特別撃隊』）

岡村大佐はこのとき、ハネ返るように口を開いた。

「少し足りないと思います」

横井少将は宇垣中将を振り向き、

「長官。お聞きの通りですが、出撃を中止しましょうか？」

神雷育ての親である岡村司令は、ただでさえ、鈍重な一式陸攻が重い桜花を抱いたら、のろのろ飛ぶのがやっとであると知り抜いていた。だからこそ、もっと味方の戦闘機が必要だと力説したのである。

半年前、空技廠長和田操中将が釘をさした言葉が思い出された。

「マル・ダイを使うには絶対的な制空権の確保がなければ、成功の目算はありませんぞ」

負けん気の岡山県人、宇垣中将はすっくと椅子を立ち、岡村大佐の肩をたたいていった。

「この情況で使えないのなら、桜花は使うときなどありゃあせんよ」

宇佐の足立隊が母機と桜花を失ったいま、野中隊のみが第七二一航空隊の、いや、全日本海軍の頼みの綱であった。だからこそ岡村司令は野中少佐をもっと成算のある戦いに出してやりたかったのである。石のように重たい心で第七二一航空隊にもどった彼は、野中少佐にいった。

「おい、今日は俺が行くぞ」

がんらい、司令というものは地上で全般的な指揮をとるものである。老いたりとはいえ、操縦桿を持たせればいまだ名パイロットとして腕は鈍らぬ岡村大佐が機上の人となるといいだしたのだ。野中にも岡村大佐の心がわかりすぎるほど、わかっていた。

「司令。そんなに私には信用がないのですか」

野中少佐は色をなして、つめよった。そして、目がしらをあつくして陣太鼓をたたき続けた。下っ腹にひびくその勇壮な音は、広い鹿屋基地にこだました。

「野郎ども、集まれっ」

「おいきた。合点だっ」

さすがは彼の部下だ。たちまち、母機の一三五名が整列した。一個中隊九機の二個中隊、計一八機だ。

昭和20年３月21日、野中隊は桜花を抱いて鹿屋から出撃した。野中少佐は神雷作戦については批判的で、部下思いの隊長は生還を期してはいなかった。

体当たりする第二桜花分隊の一五名も日の丸の鉢巻を巻いて現われた。

母機のうち、野中隊長機を含む三機は桜花を積まずに出撃する。この三機には機銃員を多く乗せ、戦闘機の不足を補うべく編隊の先頭と左右とを守る計画だ。

キリリとしてハンサムな桜花第二分隊長三橋謙太郎大尉は胸に一つの遺牌を抱いている。昨年十一月、訓練中に死亡した刈谷勉大尉のものだ。三橋大尉は基地に残る親友の井口大尉と肩を抱きあった。

宇垣中将の到着は、なぜかおそかった。やがて第五航空艦隊司令長官と第七二一航空隊司令の訓示が終わると別れの盃がかわされた。

南九州とはいえ、まだ三月の風は冷たい。攻撃第七一一飛行隊隊長野中五郎少佐は、指揮台に登り、「みんな、ええか。野中一家の殴り込みだっ」と叫んだ。

あれほどの要請にもかかわらず、用意された零戦はわずか一〇機ほどだった。

「よし、もはや他人は頼むに足らぬ。自分の戦闘機だけで母機を守ろう」

岡村大佐の心中や煮えくり返るものがあったろう。

鹿屋東北方の富高では、第七二一航空隊直属の戦闘機二三機が整列していた。戦闘第三〇六、三〇七の両飛行隊長を兼任する神崎国雄大尉は、いかなることがあっても一式陸攻を守り通そうと意を固めた。

彼の部隊も三日前、富高基地上空でグラマンと大空中戦を演じたばかりだった。しかし立ち上がりを奇襲されたため、被弾機が多く、やっと二三機の可動機をかき集めたのである。第二〇三航空隊の一〇機と合わせても護衛戦闘機はわずか三三機である。不吉な予感が戦士の胸をとらえた。

三月二十一日の午前十一時三十五分、野中少佐の一番機が滑走をはじめた。

「ワーッ」と歓声が上がる。

残る者は全員、滑走路に整列して初の神雷部隊出撃を見送った。宇垣長官も心配顔の岡村司令も帽子を振る。

日本海軍史上、最初のロケット部隊の出撃である。新しく塗装された母機のグリーンが目にしみる。一式陸攻の銃座や窓からも、茶色の航空服の腕が振られた。五色の吹き流しが風に踊る。

大編隊は南の空に浮かぶ数個の黒点と化した。目標は鹿屋の南微東三六〇カイリにあると報告された敵空母六隻である。やがて基地は、元の静寂をとりもどした。

第一次桜花隊の全滅

第五航空艦隊司令部では攻撃隊からの無電の入るのをいまかいまかと待ちうけていた。横井俊之参謀長は何回も時計に目をやった。その日の日没は午後五時であった。おそくとも四時前には敵空母に飛びかかっているはずである。司令部は、いても立ってもいられぬ気持だった。

宇垣纏中将は大戦中、克明に日記『戦藻録』を書いていた。これは戦史研究に貴重な手がかりとなるものだが、三月二十一日のページの後半に「今や燃料（注、帰りの燃料のこと）の心配をなし『敵を見ざれば南大東島へ行け』と令したるも、これまた何等応答するなし」と記している。

南大東島は沖縄のはるか東方にある孤島であり、長官は野中少佐にやむをえずここに不時着せよと打電したのだ。彼は、なんら報告がない点から判断して、神雷部隊が敵空母を発見できず、広い海上を捜し回っているのだと思ったのだろう。すでに、あたりは暗くなってきた。

先に機動部隊を発見した高速の偵察機彩雲は任務を終え、鹿屋に帰投しつつあった。前席で操縦桿をにぎっていた機長が突然、叫んだ。

「右前方に、飛行機」

出会ったのは友軍の一式陸上攻撃機の一隊だった。彼らはたがいに左右に翼を振り、味方識別信号を交換しあう。電信員が上ずった声で口を開いた。

「機長、あれは神雷部隊です」

帰る彩雲とこれから行く攻撃隊とが広い大空の一角で偶然にもすれ違ったのだ。

鹿屋における両隊の居室はたがいに向かいあい、隊員たちは顔見知りとなっていた。

「よし、誘導しよう」

偵察機はUターンし、一八機の一式陸攻、三三機の零戦の先頭に立った。出撃してきた神雷部隊に、敵空母の位置を教えるためだ。

しかし韋駄天の仇名をほしいままにした高速の彩雲がスピードのおそい一式陸攻に歩調を合わせるのはなみたいていのことではなかった。偵察機はエンジンをしぼったり、下げ舵をとったりしたが、それでも距離は開くばかりである。帰りのガソリンも残り少なくなってきた。彩雲は特攻機ではないのだ。五分ののち、誘導を諦め、ふたたび機首を基地に向けた。

九機ずつの二組に分かれた一式陸上攻撃機は、高度三〇〇〇メートルで九州東南方の海上をひたすら南下した。あまり高度を高くとると、敵艦隊を見落としてしまう心配がある。三三機の零戦は、その上方にぴったりとついている。

「敵空母はまだ見えないか？」

野中少佐は、はやる心をおさえた。

一方、米空母では、午後二時すぎ、例のごとくベッド・スプリング方式のSK大型レーダーに怪目標を捕らえた。モチ網状の四角いアンテナはひっきりなしに回り続ける。青黒いレーダー・スクリーンの上に白い斑点が点滅するや水兵は叫んだ。

「ヘイ。ジャップだ。北西一八〇キロの距離」

空母バンカー・ヒルに乗っている第五十八機動部隊司令官ミッチャー中将は、野球帽をかぶったまま命じた。

「すぐ防空戦闘機隊を向けろ」

米空母は十九年十一月、カミカゼ機にひどい目に遭って以来、つぎつぎと対策を講じていた。その一つが防空パトロールである。従来のようにレーダーで日本機を発見してから戦闘機を飛ばすのではなく、常に数機を艦隊の前後左右に上げておくのだ。そしてレーダーで日本機を捕らえしだい、もっとも近い戦闘隊に連絡、敵の方向と距離とを教えてやる方式である。これは神風特攻隊の奇襲を防ぐには有効だった。

だいたい日本空軍の空襲は、数機ずつ、多くとも二〇機程度ずつのグループに分かれて行なわれるのが常であった。ところが、来襲した日本機は、約四八機と報告された。最近ではめずらしい大規模攻撃だ。旗艦の司令室では、戦闘情報を集めている士官が首をかしげた。ありったけの戦闘機を上げ、全力で阻止しなければならない。ひっきりなしに戦闘機が十数隻の空母から発進した。発進した戦闘機は合計一五〇機にも上った。敵側も全力投球をしたわけだ。ブルーの空が真っ黒になるほどの大編隊だった。

野中隊はもはや風前の灯だ。すでに、「総員配置ニツケ」の号令は米艦隊にひびき渡り、一二・七センチ高角砲は空を指さして待ちかまえた。

鹿屋を出発してまだ一時間にもならぬ二時二十分のことであった。敵艦隊との距離は、約九〇キロに迫っている。そろそろ桜花搭乗員を母機から桜花に移すころだ。あと二〇分もすれば、桜花は母機から投下される。最後の点検もすんだ。

米第三十八機動部隊の第一空母部隊は空母ホーネット、ワスプ、ベニントン、ベル・ウッドの四隻を中心に駆逐艦、巡洋艦よりなる艦隊であったが、この第一空母部隊より送られた防空パトロール隊グラマンF6Fヘルキャット戦闘機二四機が、野中隊を発見した。彼らは二一〇〇馬力の空冷エンジンが赤く熱するのも気にせず、母艦より指示された方向にスピードを上げた。日本機はぐんぐん近寄ってくる。

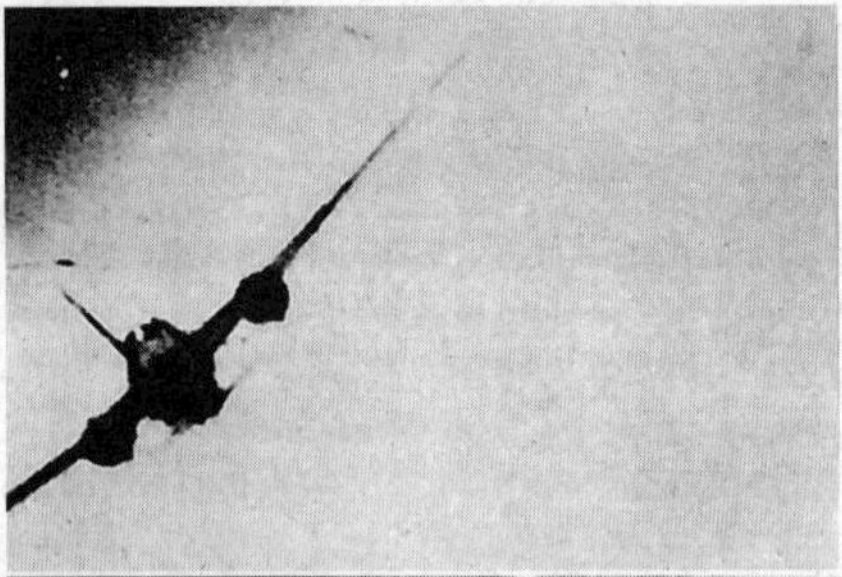

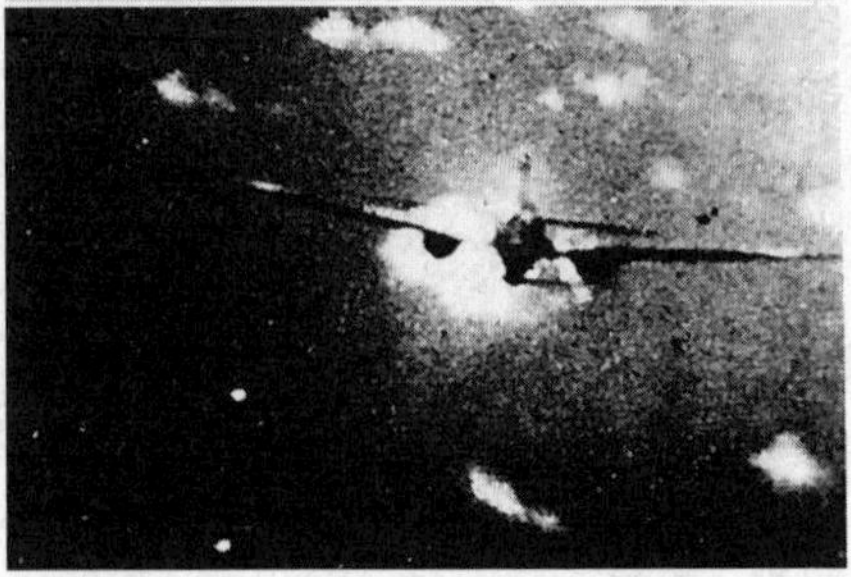

日本機に第一撃を浴びせたのは空母ワスプの戦闘機だった。二日前に四国の南で彗星に二五〇キロ爆弾を見舞われているから、復讐心に燃えていた。たちまち後尾の一式陸攻二機が火を吐く。アッという間の出来事だ。燃える機内では搭乗員が先頭機の野中隊長に敬礼している姿が印象的だった。

零戦隊は急降下に移って空中戦がはじまる。後続のヘルキャットもしだいに加わり、敵戦闘機は約五〇機にも達した。赤い曳光弾が

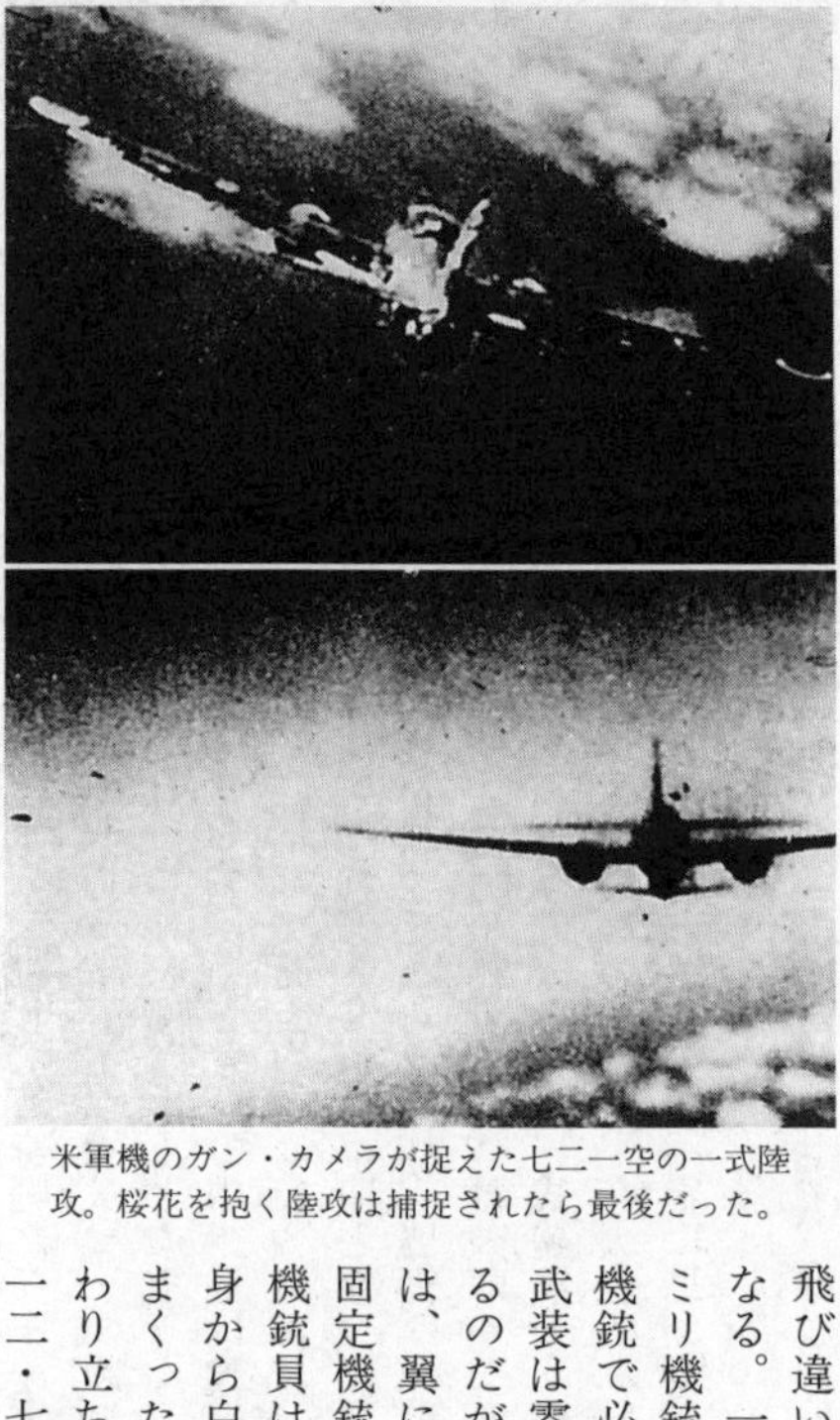

米軍機のガン・カメラが捉えた七二一空の一式陸攻。桜花を抱く陸攻は捕捉されたら最後だった。

飛び違い、あたりは大乱戦となる。一式陸攻も二梃の二〇ミリ機銃、四梃の七・七ミリ機銃で必死に自衛した。その武装は零戦の機銃にも匹敵するのだが、なにしろ旋回機銃は、翼に装備された戦闘機の固定機銃より命中率が悪い。銃機銃員は歯を喰いしばり、銃身から白煙がのぼるほど撃ちまくった。グラマンは入れかわり立ちかわり、六梃ずつの一二・七ミリ機銃を掃射してゆく。

また、母機が墜落していった。それでも一式陸攻はぴったりと編隊を組んでたがいにかばいあう。しかし、もはや狼の大群に囲まれたあわれな小羊にも等しい。

コゲ茶色の煙が機内にたち込めてくる。隣りの一式陸攻は機銃員が倒れたらしく、その機銃は沈黙してしまった。死傷者が続出、機内には血が飛んだ。

おそらく野中少佐は操縦席後方の機長席に仁王立ちとなり、前後左右に現われるF6Fを睨みつけていただろう。出撃の前、彼は部下に「湊川だ」と訓示して機上の人となっている。その言葉のとおり、楠正成の湊川の戦いのように、否、それ以上に悲劇的な場面になってしまった。零戦が攻撃機を守ろうとし、身代わりに犠牲となってゆく。

「桜花を捨てよ」

隊長機がたまりかねて合図する。

もちろんまだ桜花操縦士は母機に乗っており、桜花は無人だった。新兵器ではあるが、急場から脱するため思いきって桜花を投げすて、少しでも身軽になろうとしたのである。無人の桜花は、いさぎよく海上へ投下された。しかし、しょせん、一式陸攻はズングリとした鈍速機にすぎない。こんな小細工など焼け石に水にも等しかった。

部下が片っ端から火ダルマとなって落ちてゆくとき、野中少佐は胸をしめつけられる思いであったろう。彼は残る三機を率い、降下して断雲の中に突っ込んだ。敵機の追撃をくらますためである。だが悲惨な一式陸攻は、それっきり行方不明となってしまった。

奮戦した零戦も、五倍もの敵戦闘機と闘って隊列は乱れ、被害は続出した。まったくの奇襲だったので「我レ敵戦闘機ト交戦中ナリ」の無電さえ、打つ暇がなかった。

アメリカ側の報告では三〇機の零式戦闘機に守られた一式陸攻一八機、計四八機が来襲したとある。これは実際より零戦の数が三機少ない。カリーグ大佐の『戦状報告』によると、「一式陸攻がいつもより、ずっとスピードがおそいので不審に思った。胴体の下から一対の別の小さい翼が出ているのに気づいたが……」とある。

米軍はこの空中戦の模様を写真に撮った。現像が終わって、はじめ彼らはドイツのV1号ロケットの改造型を、日本側も使いはじめたのだと思いこんだのである。十九年六月のマリアナ沖海戦でわが空母から発進した技量未熟なパイロットたちが、敵空母にたどり着く前、敵戦闘機に片っ端からばたばたと墜とされたことがあった。それ以来、アメリカ兵はよちよち飛んでいる日本機を狙い撃ちすることを「マリアナの七面鳥射ち」と称した。七面鳥はロクに飛べないからだ。

そして三月二十一日の戦闘を、米軍戦史は「マリアナの七面鳥射ちのミニチュア一版だ」と書いている。

重い桜花を抱きつつ、あえぎあえぎ飛ぶ太った一式陸攻を墜とすことなど、赤ん坊の手をねじるようなものであったろう。あわれ野中隊は、ヘルキャットの犠牲となったのである。なおF6Fの損害は、たったの二機であったという。

かくてあれほど期待された桜花の初陣も、悲惨な結果に終わったのである。

隊員の横顔

三月二十一日の夕刻、手傷を負った零戦が帰ってきた。それも一機か二機ずつのばらばらな帰投である。三三機のうち、戦闘第三〇七飛行隊分隊長の漆山睦夫大尉以下一〇機が帰らなかった。

彼らの報告は鹿屋基地を驚かし、悲しませずにはおかなかった。岡村司令は力なく、うなだれ、宇垣中将は宿舎である丘のバラックへ、無言のまま引き上げていった。あれほど期待した神雷部隊は、なんの戦果も挙げぬうちに全滅してしまったのである。

野中少佐の名物「八幡大菩薩」の白い幟も主を失い、基地の片隅に力なく垂れ下がっていた。第七二一航空隊はその夜ひっそりとしていた。目的を達しえぬまま悲壮な死を遂げた者の顔がつぎつぎと浮かんでくる。

その日、散った隊員を記しておこう。まず一五名の桜花搭乗員。

髪の毛をきちんと分けた分隊長三橋謙太郎大尉は、海軍兵学校を第七一期生として昭和十七年十一月に卒業した、ばりばりの軍人である。野中少佐の一〇期下にあたるこのクラスには、四ヵ月前、人間魚雷回天で最初に散華した仁科関夫中尉がいた。

仁科中尉の場合は、自ら考案した特攻兵器回天で敵空母の泊地を襲うことができたのだから武人の本懐であったといえよう。しかし、三橋大尉ははげしい訓練を積んだあげく敵空母に突入できずにみすみす撃墜され、無念やる方ない思いであったろう。

久保明、緒方襄、村井彦四郎の三中尉は、昭和十八年九月に大学から海軍を志願した第一三期飛行予備学生であった。

小柄な久保中尉は早稲田大学の専門部、緒方中尉は熊本の出身で関西大学である。緒方の二つ年上の二十五歳の兄、緒方徹中尉(京都大学法学部)も第一二期飛行予備学生で三ヵ月前、フィリピンで敵艦船を航空攻撃中、戦死していた。

村井彦四郎中尉は明治大学の学生だった。当時、秘密兵器だった桜花は世間に発表されず、村井中尉の母親が息子の戦死を知ったのは二ヵ月後の五月二十九日であった。この四日前、東京渋谷区の彼の自宅はB29の猛爆により灰塵と化していた。

一等飛行兵曹服部吉春は静岡県の出身だった。彼は国鉄に勤務、検車係をしていたが、やがて昭和十七年、海軍を志願して予科練に入り、山口県の岩国航空隊、台湾の台南航空隊をへて桜花隊員となったのだ。彼は四男であったが、長兄は海軍陸戦隊員として海南島で戦死、次兄もミッドウェー海戦で空母「蒼龍」と共に散った。

桜花隊員の一五名の戦死者（士官四名、下士官一一名）に対し、母機の一式陸攻では一挙に一三五名もの戦死者を出した。これが、のちの作戦に齟齬をきたす痛い打撃となったのである。

分隊長椛沢義雄特務中尉は乙種飛行予科練習生の第一期生だった。昭和五年六月、予科練が誕生すると真っ先に応募したこのクラスは、七九名中、実に五七名まで戦死している。彼が入隊したころ、予科練はまだ横須賀に近い追浜航空隊の中にあった。一五年前、少年兵として海軍に入った彼も、大戦中、野中少佐の片腕として、南太平洋の各所を転戦してベテランに成長していた。

柳正徳中尉、関野善太郎、松井清、上田四郎の三少尉の計四名は、第一三期飛行予備学生である。第一三期は入隊者の三分の一が戦死したもっとも悲惨なクラスである。東京の柳は長岡高等工業、富山の関野は故郷の富山師範学校、埼玉の松井は関学、奈良出身の上田は立教大学に、それぞれ在学中、兵役に服したものである。なお松井と同窓の小作明男少尉も二ヵ月ののち、第九神雷桜花隊の母機機長として戦死した。

母機の戦死者では一八名が士官、九八名が下士官、残る一九名が兵であった。七つボタンの特攻隊の下士官はその大半が予科練（海軍飛行予科練習生）の出身だった。

制服に身を固める予科練には甲、乙の二種がある。乙種より七年おくれて昭和十二年に創立された甲種は乙種よりやや年齢と学力が高かった。

松尾登美雄二等飛行兵曹（長野県出身）は二十歳で、甲種一二期生だった。昭和十九年春、一〇ヵ月の教育を終えて卒業したばかりの彼は、なかなかの詩人で三つの和歌を残し、散っていった。

またこの日戦死した予科練出身者は乙種一八期生が多かった。十七年五月、入隊したこのクラス一四〇〇名余の約三分の一が戦死している。亀田尚吉二等飛行兵曹もその一人で、栃木県出身、十九歳だった。同じく有末辰三も兵庫県出身で、予科練のコースを終えたのち、土浦航空隊を十九年八月に卒業、愛知県の豊橋航空隊で陸上攻撃機を学んだばかりの、いたいけな十八歳の少年であった。土浦卒業後、わずか七ヵ月の生命であった。

クラス・メートの島雄順次郎二等飛行兵曹もこの日に散華した。島雄兵曹は外出の度ごとに神戸へ長距離電話をかけ、「母あちゃん」と受話器に叫んでいたという。その母親もやがて従軍看護婦として戦死してしまった。

福島出身の高木信夫飛行兵曹長は二十四歳の通信士だった。四四期電信練習生出身の高木兵曹長は一式陸攻の操縦席後方右側に腰を下ろすのが常であった。前の席に座った機長から命ぜられる文章を暗号に組み、無線機のキイをたたくのが通信士の役目なのだが、ひとたび空中戦に入ると彼も二〇ミリ旋回機銃の射手に早変わりするのである。前後左右から突っ込んでくるグラマンに対し必死に応戦しつつ死んでいったのであろう。

三重県出身の棚橋芳雄二等飛行兵曹は二十二歳。丙種の第一四期生である。丙種とは普通の水兵から途中で飛行科に転向した者を指す。桜花の創案者大田正一少尉も丙種の出身だった。

最後に神雷戦闘機の戦死者では四名が士官、六名が下士官であった。

足立隊の桜花第三分隊長湯野川守正大尉とは無二の親友だった伊沢勇一大尉は、出撃のとき、愛機のエンジンの具合が悪かった。責任感の強さから離陸のさい、すでに機関部からうすく煙を吐いているのを承知で、出撃し戦死した。戦闘機の不足を身にしみて感じていたからであろう。

東京の杉下安佑中尉は中央大学、山梨県出身の堀川秀弥少尉は山梨高等工業の学生だった。二人ともわずか八ヵ月の短期教育で海軍少尉となった、第一三期飛行予備学生である。

戦闘機パイロットでも下士官はたいてい、飛行経験一〇〇〇時間程度のベテランだった。南方戦線での戦闘体験をもつ、一応の自信ある者ばかりだ。ところが短期教育により予備少尉となった者は、飛行時間もわずか一〇〇時間そこそこの経験で第一線に出された気の毒な士官も多い。予科練出身の若い少年兵の方が機長や指揮官となる学徒士官より腕がよかったのである。

彼らはまだシャバッ気の抜けきらぬ年上の士官を「スペアー」（消耗品）と仇名して陰口をたたくのが常であった。たしかに第一四期あたりの学徒兵はよく訓練中、事故を起こしている。下級者に軽蔑されつつ小隊の指揮をとることは、予備学生にとっても涙のでるほど、くやしかったに違いない。

なお第七二一航空隊の戦闘機戦死者一〇名のうち、戦闘第三〇七飛行隊員は三名で残り七名は戦闘第三〇六飛行隊員であった。そして両隊ともその分隊長を失った。

岡村基春大佐は深いショックを受けた。おそらく彼としては、宇垣長官に、「そらご覧なさい。やはり無理だったのです」といいたい気持だったろう。

しかし、彼は攻撃第七一一、七〇八の両飛行隊から残った機材と人員とをかき集め、部隊の再建にかかった。

敵に狙われやすい鹿屋に、一式陸上攻撃機を並べておくことは危険千万なことだ。そこで本隊を同地に残し、母機の一部は四国の観音寺練習航空隊、松山航空隊、朝鮮南東岸の迎日湾などに分散した。彼らは第五航空艦隊よりの命令があるたびに、少数機ずつ鹿屋へ前進した。

散開を終わって、ほっと一息ついた岡村司令は野中隊の悲劇の二週間後、再度の出撃を命令したのである。

敵夜間戦闘機の跳梁

岡村司令は、ここで戦術の転換を迫られた。白昼の大規模攻撃は、野中隊の悲劇をくり返すだけだ。だが少数機による暗夜での攻撃なら、母機が生還の可能性もあろうと考えたのである。もちろん、うす暗い中での体当たりはむずかしい。しかし、レーダーに捕らわれる可能性も機数が少なければ、それだけ小さいし、また戦闘機に喰いつかれても逃げきれる公算が強い。鈍重な一式陸攻を使うにはこれ以外に手はない。すでに沖縄には、敵の大輸送船団が集結している。敵の上陸は時間の問題だ。

宇垣長官は三月三十一日の夜おそく、雷撃機と桜花隊とに出撃準備を命じた。第七二一航空隊にとって、二度目の神雷出撃である。一式陸攻は六機。（安延多計夫大佐の『南溟の果てに』および『神風特別攻撃隊』の付表には「一式陸攻および桜花、各三機」と記されている。しかし、後に発表された防衛庁戦史室の『沖縄方面海軍作戦』には「攻撃第七〇八飛行隊〈足立次郎少佐の部隊〉の一式陸攻六機、桜花三機」とあり、発進時刻までくわしく、四月一日の未明二時二十九分と記載がある。宇垣中尉の日誌『戦藻録』にも「雷撃および桜花特攻〈六機〉……」と記されている点、やはり六機と見るのが至当のようだ）

第七二一航空隊の母機は攻撃第七〇八飛行隊（足立隊）と攻撃第七一一飛行隊（野中隊）の二隊があったが、一〇日前に野中隊が壊滅的打撃を蒙ってしまったので、今回の出撃は足立隊の初陣となった。

前日の索敵によると、敵機動部隊はふたたび消えてしまっている。しかし沖縄の周辺には敵輸送船団や上陸掩護の艦隊が散在しているので、目標にはこと欠かない。沖縄上空で四月一日の早朝がくるようにスケジュールが組まれた。

たまたまこの夜は満月で、月光が鹿屋基地を照らしていた。第五航空艦隊司令長官は指揮所に姿を現わした。そして桜花隊員が別れの盃をかわしているのを無言のまま見入っていた。

カーキ色に塗ったトラックが、基地内を廻り隊員を数名ずつ各所に降ろす。

「お世話になりました」

午前二時二十九分、六機は数分おきに発進した。

二個小隊の六機が、一機ずつばらばらに出撃したのは、それだけの理由があった。前回のように大編隊行動をとれば、全部が一度に撃墜される心配がある。何機かの犠牲が出ても、生き残った陸攻が必ずや戦果を挙げるだろうという考えの戦法である。

発進後約一五分、霧が非常に深くなってきた。暗夜の雲中飛行である。左翼端の赤ランプと右翼端の青ランプがボンヤリと夜霧にかすむ。雲の下へでるため、母機の一機は高度を三〇〇メートルに下げた。

「自分の前後、数キロのところを僚機も飛んでいるはずだ」

こう信ずることだけが唯一の心のささえだった。以後、桜花隊はこういう各個攻撃主義を採用しつづけるのである。したがって味方機がどんな最後を遂げたかは、一緒に飛んだ一式陸攻さえ分からなかった。誰にも知られず消息を断ってしまう母機が続出したのは、そのためである。

さてアメリカ海軍はすでに航空機用夜間射撃レーダー・マーク4型を開発していた。そしてグラマンF6FやF4Uコルセア戦闘機の一部にこれを装備し、暗夜でも日本機に接近攻撃ができたのである。

この三月の末には、毎夜のように、九州から沖縄へ向けて天山の雷撃機が二、三機ずつ発進していた。敵夜間戦闘機は、これを捕捉するため、九州南方に網を張って待ち伏せしていた。運悪く、神雷部隊はこの網に引っかかってしまった。岡村司令の期待はまたしても裏切られた。奇蹟的に生還した桜花パイロット山村恵助一等兵曹はこのときの模様をつぎのように述べている。

「高度を下げたとき、まったく意外にも、母機は後方から敵機に襲われた。一瞬、母機は海面すれすれに降下する。超低空を飛べば、かえって敵戦闘機が攻撃しにくいからだ。霧の中から機銃弾が飛んでくる。ところがこの一式陸上攻撃機は高度が低すぎて操縦を誤り、海上に突入、炎上してしまった」

米軍のＦ６Ｆ(上)とＦ４Ｕ(下)戦闘機の夜戦型。それぞれ翼端に航空機用夜間射撃レーダーを搭載し、日本軍機を迎撃した。

それでも火の海に投げ出された八名のうち山村恵助一等兵曹を含む五名は翌朝、奇蹟的に漁船に救助され、鹿屋基地へ送還された。

幸いに各個攻撃主義の採用のため六機の全部が犠牲とならずにすんだ。母機の一部には途中で基地に引き返したものもあった。しかし少なくも二機は沖縄周辺の敵輸送船団に接近、四月一日の早朝、桜花を投下した。生還した一式陸上攻撃機の報告により、「戦艦一隻、その他艦型不詳二隻を損傷す」と記録された。

しかしアメリカ側の資料によると、当日、明らかに桜花に体当たりされたと判明している艦船の被害はない。

たまたま米海兵第一および第六師団を、沖縄の北部に上陸させんとしていた第五十三船団があった。のちに海兵隊ものを書いて一躍、有名になったライフおよびタイム誌の特派員ロバート・シャーロッドは、この船団の輸送艦カムブリアに乗って取材中であった。彼は、上陸開始四時間前の午前五時十五分、

「総員配置につけ、が発令され、私が急いで上甲板に駆けつけたとき、すでに特攻機一機が約一カイリ前方の海上に墜落して燃えつつあった」

と書いている。

鹿屋基地から沖縄まで三時間はかかると計算しても、鹿屋を二時二十九分に発進した桜花隊が目的地に到着するのは五時すぎだ。さらに彼は、

「五時三十分、別の日本機一機が、米直衛戦闘機のパトロールに撃墜されたとノールズ中佐が知らせてくれた。さらに六時五分、私は焔に包まれた敵一機が左舷三カイリ先をナマリのように猛烈な速力で落下していくのを目撃した」

とも書いている。桜花がロケットに点火すると尻から火を吐き、ものすごいスピードを出すから、シャーロッドの見たのは神雷である可能性も強い。

このほか、五時すぎに飛来した日本機として、モリソン博士の『太平洋の勝利』は、

「五時四十九分、海兵第二師団を乗せた陽動部隊の第五十一、五十二船団が一機のカミカゼに襲われ、戦車揚陸艦ＬＳＴ884号の左舷後部に体当たりされた。沈まなかったが884号は火災を起こし、四五名の死傷者を出した。別の一機は輸送艦ヒンズデールの三ヵ所に穴をあけ、五五名の死傷者を出した」

と述べている。

以上の五件のどれかが桜花を抱いた一式陸攻かも知れない。

しかし神雷部隊より三〇分おくれ、陸軍の第二十三振武特攻隊がスピードの早い九九式軍偵察機で南九州から南下しているから、すべてが第七二一航空隊の戦果と判断するのは早計であろう。

四月一日の日の出は六時三十分。したがって特攻機の飛来した時はまだあたりが薄暗かった。そのため、米軍でもどんな型の特攻機が飛来したのか分からなかったようである。闇夜に鉄砲の諺があるとおり、もちろん日本側にも攻撃の状況ははっきりしない。

この日の戦死者は桜花搭乗員三名、母機搭乗員一四名であった。したがって母機二機が桜花を抱いたまま倒れ、桜花を投げ降ろして生還した一式陸攻は四機という計算である。

三名の桜花搭乗員はいずれも下士官で、そのうち、先任の麓岩男一等飛行兵曹は十九歳の乙種予科練第一七期生であった。麓兵曹が戦死する数日前、故郷の九州天草から少女が訪ねてきたという。そして彼女が、

「麓の家内です」

と名乗ったので隊内は愕然とした。仲間はこの少女がすぐ未亡人になるのを知っていた。麓兵曹はすでに結婚していることを内緒で桜花隊を志願していたのである。

母機隊員では士官一名、下士官一一名、水兵二名が四月一日戦死者の内容である。ただ一人の士官は、九州熊本出身の宮原正少尉であった。熊本師範学校の学生から海軍飛行予備学生となった彼もまた第一三期予備学生である。世が世ならば教壇に立つ身の上であったろう。

ともあれ、沖縄防衛戦の幕はいよいよ切って落とされた。

第三章　沖縄の空へ

捕らわれたマル・ダイ

第七歩兵師団の師団長アーチボルト・アーノルド少将は、ガムをかみながら双眼鏡で陸岸に目をやっていた。軍隊輸送艦ハリスの艦橋である。

「上陸開始まで、あと一〇分だ」と、腕時計に目をやって彼はつぶやいた。

彼の任務は、沖縄本島、中部の西岸に上陸し、嘉手納飛行場を占領することである。沖縄の中央にあるこの基地を占領するのには、かなりの出血が予想されていた。情報によると、満州からきた日本の精鋭第二十四師団一万三〇〇〇名がここを死守しているという。しかもそれは、一五センチ榴弾砲大隊までもつ強力な敵なのだ。

だがアーノルド少将は、自己の第七師団に絶対の信頼をおいていた。沖縄作戦には歩兵四個師団、海兵三個師団が投入され、日本の二個師団、一個旅団と相対するわけだが、彼の第七歩兵師団は、ベテラン中のベテランに数えられる。

北アフリカの戦いに備え、カリフォルニア砂漠で熱帯訓練を終えたこの部隊の初陣は、意外やアリューシャン列島のアッツ島だった。あのとき北海道出身の第七師団（熊兵団）の一部を玉砕させたが、アメリカの第七師団も多くの凍死、凍傷者をだした。キスカ島では一人の日本兵もいない土地へ屁っぴり腰で上陸、物笑いの種となってしまった。

しかし十九年一月、マーシャル諸島のクェゼリン環礁に上陸したころには、兵士は戦闘のコツを覚え、日本海軍の第六特別根拠地隊を全滅させている。半年前のレイテ島ではてこずった。日本の第十六師団（垣兵団）は「フィリピンの主」と自称する京都の兵隊だったが、アーノルド少将の師団は、これを西方へ退却させた。

だが今度の沖縄には、日本軍がもっとも強固な防衛陣地を敷いていると伝えられる。かなりの犠牲がでるだろう。

同時に上陸する海兵第六師団も読谷飛行場へ向かうことになっていた。

「マリンに負けるな」

アーノルド少将は部下を激励した。

昭和二十年四月一日午前八時三十分、数百隻もの上陸用舟艇は一斉に本島の西岸へ殺到した。兵士たちは緊張に顔面蒼白となりつつM1ガーランド・ライフルを握りしめた。

みるみるサンゴ礁に囲まれた浜辺が大きくなってくる。上陸用舟艇のトビラが前方に倒れるやいなや兵隊たちはクモの子を散らすように左右に散開した。やがてM4シャーマン戦車も上陸する。日本軍の反撃のないのが不思議だった。そういえば彼らは一発の小銃さえ撃ってこない。なにしろ気味が悪い。

「C中隊、調子に乗って前進するな。落とし穴かも知れないぞ」

ハンディー・トーキーの送話器に向かって、連絡将校が叫んだ。皆が「虎の尾を踏む」気持だった。あの椰子の木陰から日本の狙撃兵が狙いを定めているのではないだろうか。

ともかく、人ッ子一人いない幽霊の町だった。

「とんだゴースト・タウンだね」

左右を警戒しながら、一兵士がいった。

「これじゃあ、軍医殿も失業だ」

「今日はエイプリル・フールだぜ。ジャップは俺たちをからかおうってんじゃあねーだろうーな？」

米第七師団の第十七連隊二一〇〇名は地雷を気にしながらそのまま西進した。嘉手納基地は海から一六〇〇メートル内陸にある。グレイハウンド型の偵察用装甲自動車に身を託した先陣が、目的地の中飛行場の西端にたどりついたのは午前十時であった。

「しめた、無血占領だ。どえらいプレゼントだぜ」

上陸開始より、わずか一時間半後のことであった。

それから一時間ほどおくれて、第六海兵師団も無人の読谷飛行場を占領したというニュースが入る。ドッと歓声が上がった。

「マリンに勝ったぞ」

完全占領までに一五日と計算した目標が、なんの苦もなく三時間で手に入ったのである。アメリカ兵が狐につままれたような気持だったのも無理あるまい。

沖縄の第三十二軍（球兵団）は、虎の子の第九師団（武兵団、北陸出身の兵）を五ヵ月前、台湾に引き抜かれていたので、防衛力にぽっかりと空洞ができてしまったのである。

したがって牛島満中将は従来の決戦態勢を捨てざるを得なかった。そして島の南部のみに兵力を集中して持久戦により、この島を守ろうと考えたのである。すなわち沖縄の北部と中部とはガラ空きにしてもやむをえぬというのだ。桜花の格納庫を作った第三二一〇設営隊も飛行場を捨てて南下、海軍陸戦隊と合流していた。

だが牛島中将は以前、大本営が約束したとおり、大航空兵力がつぎつぎと沖縄に送られてくるものと信じていた。だから航空基地はその日のためにとっておいたのである。しかし、米軍の到着の方が早かったのだ。

米第七歩兵師団の兵士たちは嘉手納飛行場にずらりと並んだ日本の飛行機に目を見張った。もちろん破壊されて飛べないものばかりだった。

「あれがトニー（陸軍戦闘機飛燕）、こいつがニック（屠龍）だ」

一人の航空機マニアが、カムフラージュをした日本機を誇らしげにいい当てる。

そのとき、基地の片隅にカムフラージュをした秘密格納庫が発見された。格納庫には、奇妙な小型機約三〇機がかくされていたのである。

「それじゃあ、あのミニ飛行機は？」

さすがの飛行機マニアも、銀色に塗った桜花に首をかしげた。

「怪飛行機を捕らえた」

このニュースはたちまち第五空軍の技術部に連絡された。

機関兵、整備兵が桜花を台に乗せ、慎重にネジを外した。精密な調査を終えて、彼らは驚きの声を上げた。誘導装置がない。やはり人間が乗ってぶつかるのだ。

三〇機のうち完全な型で捕獲されたのは四機で、他は半壊、または全壊の状態だったらしい。おそらく退却のとき、日本側が破壊したのではなく、上陸前の空襲により一部が損傷したのであろう。米軍は調査の結果、桜花を「実用価値少なし」と判断した。担当したR・

沖縄で捕獲された桜花一一型。沖縄に配備された桜花は、米軍の進出が早かったため母機の進出が不可能となり放置された。

B・アルドリッチ軍曹は、桜花の分解図を精細に書き、各部分に説明を加えた。

さてアメリカ兵は、日本機にいろいろな仇名をつけたが、桜花にどんな名称を与えたらよいか首をひねった。暴れ者の戦闘機のように小型だから男の子の名前をとはじめは思ったが、炸薬量は重爆撃機にも匹敵する。かといって爆撃機でもないものに女の子の名前はまずい。

思案に余ったアメリカ兵は「バカ」と名づけた。合理的な彼らの考え方からいうと、よほどの馬鹿者でなければ、こんな物騒な乗り物に乗らないというのだろう。以降、米軍の公文書に、「スリー・バカズ」とある場合「桜花三機」を意味するようになったのである。桜花の数機は再調査のため、ただちにアメリカ本土へ送られた。

当時、アメリカ艦船は機関砲と高角砲の両方を積んでいたが、そのどちらが有効かをテストする必要があった。そのため、桜花の実物を撃って実験することになった。本国の海軍兵器局の新鋭の七・五センチ五〇口径砲とスウェーデン・ボフォース社の四〇ミリ大型機関砲の両者を用意した。

ローランド技術少佐およびボイド技術大尉の共著『二次大戦中の米海軍兵器局』によると、「この実験でバカ機一機を撃墜するのに高角砲一門と、四連装の機関砲五基とは同じ効力を持つと判明した。さらにナカジマ型の飛行機に対して撃った場合、七・五センチ高角砲一門は四連装機関砲二基に相当することも判った」

と記述している。

すなわち、桜花のように小型でスピードをもつ飛行機に対しては、機関砲はそれほど効果がないことが判明したのだ。つまりエレクトロニクスの応用で敵機が一定距離に接近すると自動的に炸裂する、マジック信管の高角砲弾でなければならないというわけだ。なおナカジマ・タイプの飛行機（原文には複数）とは、隼戦闘機や艦上攻撃機天山、あるいは三菱から生産を引きついだ零戦を指すものと思われる。

いずれにせよ、沖縄で捕獲されたマル・ダイの秘密は、いまやアメリカ軍につつぬけとなってしまった。したがって四月十二日、それが第三回目の出撃をしたさい、もはや驚きの種とはならなかったのである。

（『丸』誌一四九号に木下賞蔵氏が書いたところによると、二機の桜花が現在アメリカに残っているようだ。一機はオハイオ州デイトン市郊外のライト・パターソン空軍基地にある空軍博物館に展示中という。他の一機は、カリフォルニア州ロサンゼルス市郊外クレアモントのエドワード・マロニー航空博物館だ。マロニー氏は、桜花のほかに日本機では戦闘機疾風や零戦、ロケット機秋水までも並べている。なおロンドンのコテスモア基地にある王立戦争博物館にも、桜花一機がある。これら三機の桜花は、いずれも参観者の目にふれるよう陳列されているという）

爆装戦闘機の登場

三月も末になると、九州の桜は散りはじめる。

そのころ、岡村司令は部隊の保持、補給の面で、一つの壁につき当たったのである。それは、母機搭乗員の不足であった。一式陸攻そのものは他の部隊より優先的に割り当てを受けたが、三月二十一日の野中隊の大量喪失によって、熟練したパイロットがいなくなっていたのだ。

母機は戦闘機の七倍もの人数が乗る。だから一式陸攻一機が撃墜されると数年もかけて養成した勇士七名を一挙に失うわけだ。しかも七名の補充は、それぞれ操縦専攻者二名、偵察航法、爆撃の専攻者各一名、無線通信士および機上整備員（機関士）各一名という割合でなければならない。いかに決死の桜花操縦者が集まっても、これを運ぶ母機がなくては使いものにならない。

そこで一式陸攻を守る目的だった戦闘機に爆弾を搭載し、これで体当たりをしたらという考えが生まれた。零式戦闘機に爆弾を積んで突入する戦法は、半年前からすでに何回となくくり返されており、この沖縄戦でも他の航空隊により広く行なわれていたのである。それは桜花に用いるよりは手っ取り早い戦術であり、たとえ敵戦闘機と遭遇しても、爆弾さえ投げ捨てれば身軽になれた。

野中隊の悲劇より四日目の三月二十五日夜、宮崎県富高の基地に岡村司令が現われ、第七二一航空隊の桜花隊パイロットに集合を命じた。

「何かあるな？」

不審そうに首をかしげつつ、隊員は暗い宿舎に整列する。

「爆装戦闘機を希望する者は手を挙げよ」

という言葉に対し、これに応じた者は、わずか四人にすぎなかった。どうせ体当たりするなら、いままで訓練してきた新兵器マル・ダイで、というのが本音だったのだろう。

戦闘機で突入することなど、他の部隊でもやっている。結果も知れたものだろう。マル・

ダイなら、一発で空母を仕止めることができるはずだ。隊内の雰囲気はそんなものであったに違いない。

そこで岡村大佐は、桜花攻撃の困難さと、戦闘機による体当たりを強行せざるをえない状況を力説したのである。もはやその場の空気は、戦闘機特攻以外にはないといったものに傾いていた。その夜のうちに戦闘機特攻隊が編成され、第一建武隊と呼称された。以降、第七二一航空隊（神雷部隊）の特攻機は、桜花と零戦の二本立てとなったのである。

昭和20年４月、鹿屋から出撃する昭和隊の爆装零戦。胴体下に装備しているのは250キロ爆弾で、懸吊架が特設されている。

従来、零式戦闘機を爆撃機として使用するとき六〇キロの小型爆弾を二発積むことができた。ところがレイテ島での戦いでは、零戦も九九式艦上爆撃機と同じ二五〇キロ通常爆弾（通常爆弾とは艦船攻撃用の爆弾で、細かくくだける陸上戦用の陸用爆弾と異なる）一発を搭載するようになった。しかし建武隊の場合、さらに大きい五〇〇キロ爆弾を抱いて飛ぶのである。さしもの零戦も腰がふらつき、スピードも落ちて派手な曲芸飛行はできない。

建武隊の行動は素早かった。さっそく富高飛行場から約三〇機の零戦が鹿屋に向かった。建武隊編成より三日目の三月二十八日のことである。

沖縄防衛戦のはじめに、第五航空艦隊は敵空母を、また陸軍の第六航空軍（菅原道太中将、靖兵団）は敵輸送船団を狙うと、定められていた。ところがいよいよ敵が上陸したというのに、正確な敵空母の位置が判明しない。第六航空軍は、例によって出足がおくれている。日本陸軍の一つの欠点としてスロー・モーションな点が挙げられるが、この場合も例外ではなかったのだ。

そこで四月二日の午前中、作戦会議を開き、宇垣中将は自己の兵力で沖縄周辺の敵輸送船団に攻撃をかけることとなった。これによって消息を断っていた敵機動部隊も、船団掩護のため姿を現わすだろうと判断したからである。

第七二一航空隊は、四月二日の午後四時十三分以降、三〇機の爆装戦闘機をつぎつぎと発進させた。攻撃の目標は沖縄の沖合に集結している輸送船団だから餌物にこと欠かない。神雷部隊のうち、空母以外のものに向かった特攻隊としては、前回の桜花に続き、これが二番目である。しかし、残念ながらこの戦闘の模様は明らかでない。

けっきょく建武隊は矢野欣之中尉以下四機の犠牲を出し、残りは敵も見ずにほとんど生還してきた。小型の戦闘機はレーダーを積んでいないから、夜間攻撃では会敵できないことが多いのだ。

敵戦闘機や対空砲火は、四月二日の夜、多数の日本機を撃墜したと記録しているが、建武隊の戦果はただ空母以外の「各種艦船四隻撃破」と記されているにすぎない。しかし、これはなんら根拠のあるものではなく、四名の戦死者が出たから、多分四隻というだけのものらしい。米海軍戦史課が編纂した『二次大戦の海軍日誌』によると、この日、護送駆逐艦フォアマンが急降下爆撃により損傷している。同艦は後に述べる陸軍機が狙った輸送艦よりも北方（九州寄り）にあったから、もしかしたら第一建武隊の戦果かも知れない。

なお戦死したこの四名は、「ワレ必中攻撃中」というあらかじめ決められた、かんたんな無電を打ってから犠牲となっているから、敵を捜索中、海中に墜落したり、戦闘機に喰いつかれたりしたのではないようだ。

士官二名、下士官二名が神雷戦闘機初の特攻者であった。戦死者のうち先任の矢野欣之中尉は京都出身で浜松高等工業の、また同じく第一三期予備学生の米田豊中尉は、熊本高等工業の学徒兵である。

ちょうどこの夜、台湾の第八飛行師団（誠兵団）の陸軍双発戦闘機屠龍八機も、背後から沖縄の敵輸送艦に向かってつぎつぎと体当たりを敢行した。そのため、救援を求める電文やら、警報を発する電文やらで、敵の通信網は混乱をきたした。

鹿屋でこれを傍受した宇垣纒長官は、「どうやら岡村の建武隊は大した手柄を立てたらしい」とよろこんだ。

同時に、その誤りは、第七二一航空隊内部にも零戦特攻隊に対する過大評価を生む原因となったのである。

たまたまこの日、九州から奄美大島へ向かいつつある日本の小艦隊があった。それは特殊輸送艦三隻と護衛の海防艦一隻、駆潜艇二隻よりなるもので、彼らの目的は、沖縄にほど近い奄美大島へ特殊潜航艇の基地を作ることなのである。

しかし、六隻は途中、敵空母機に発見され、海防艦一八六号と、特殊潜航艇蛟龍二隻を後甲板に背負った一等輸送艦第一七号とが沈没してしまった。残った二等輸送艦一四五号、一四六号と駆潜艇二号、四九号の四隻は翌日、目的地に投錨した。

米空母部隊は打ちもらした四隻にとどめを刺そうと、四月三日、沖縄方面より北上してきた。そうでなくとも、列島中の喜界ヶ島にある日本軍小飛行場は目の上のコブなのである。シャーマン少将の第三空母部隊は、本隊から分離、奄美大島の目と鼻の先にまで接近、空母機を発進させた。

日本側では偵察機彩雲がその動きを打電する。すなわち、これら小艦隊は思わぬうちに囮となって、敵空母を北方へ誘致する役割をはたしたのだ。

もちろん、宇垣中将は特殊潜航艇の輸送などつゆほども知らなかったろう。彼にとっては、敵機動部隊が接近してきたというだけで十分だった。ただちに彼は、第七二一航空隊の爆装戦闘機隊に出陣を命じた。

昨日、第一建武隊を見送った岡村大佐は、今日ふたたび零戦特攻隊を発進させることとなった。懐刀の桜花隊をださないのは、目標が警戒厳重な敵空母だからであろう。一二日前の野中隊の全滅が、よほど身にこたえたのか。

鹿屋に進出していた神雷部隊の零戦二二機が午後三時、砂ぼこりを上げて発進した。彩雲の「敵艦見ユ」より二時間半後のことだ。

神雷爆撃隊と同時に、やや北の国分飛行場からは高速戦闘機紫電八機と零戦三六機とが飛

昭和20年４月３日、沖縄の北東方で護送空母ウエーク・アイランドの至近距離に特攻機が突入した。同艦は爆圧で破口を生じ、グアム島まで後退した。

び立った。第六〇一および第二五三航空隊に属するこれらは制空隊と称し、神雷特攻の零戦のため進路を掃蕩する任務を帯びていたのだ。左右についていっしょに飛んでくれる直接護衛ではないが、神雷特攻隊には、頼もしい味方であったにちがいない。この四月三日の神雷特攻零戦隊は第二建武隊と呼ばれた。

二二機の特攻機は、九州南端の開聞岳にさしかかると翼を左右に振りつつ、上空を一周した。ここから敵空母までは約四〇〇キロ。爆装した零戦でも二時間にも満たない。

特攻隊が発進したとき、ちょうど喜界ヶ島への空襲が始まったばかりだった。南下する日本機と敵の後続部隊とは期せずしてぶつかった。たちまち四〇機にも及ぶ護衛隊第六〇一航空隊の零戦や紫電は敵空母機一一機を撃墜した。

しかし制空隊よりややおくれて南下した第二建武隊は、別の敵戦闘機に捕まった。シャーロッドの『海兵隊航空戦史』は「第三空母部隊の空母バンカーヒルより発進したコルセア戦闘機一二機（海兵隊）とヘルキャット戦闘機一六機は、このとき零戦一一機を撃墜した」と述べている。五〇〇キロ爆弾を抱いていては、いくら戦闘機でも空中戦はできない。第二建武隊は二二機のうち、六機が未帰還となった。これら六機の戦果として、「戦艦または巡洋艦一隻に直撃」と記録された。

第二建武隊の目標は、沖縄の北東方だったが、当日の夕方、この水域で特攻機に狙われたものとして護送空母ウエーク・アイランドがある。

モリソン博士の著書には、「同艦は午後五時四十四分、右舷後方から特攻機五機の来襲に気づいた。二機が急降下に移り、そのうち一機が至近海面に落下、舷側に縦五・四メートル、横一三・五メートルの大穴を開けた。人員の損害は大したことはなかったが、穴は水線下に開いてしまったので、修理のためにグアム島へ引き返さねばならなかった」と記録されている。

出発が午後三時。途中、喜界ヶ島上空での空中戦を避けて迂回したとすれば、二時間四〇分余ののち、体当たりを敢行したと見ても計算は合うはずだ。

しかし護送空母ウエーク・アイランド損傷の戦果は、必ずしも第二建武隊の戦果とはいいきれない。一〇分おくれて、国分基地から第六〇一航空隊が艦上爆撃機彗星一七機よりなる第三御盾特攻隊を送っており、そのうち、三機が「敵艦攻撃」を打電してきたからである。

この日散った第二建武隊六名のうち、先任者は西伊和男中尉だった。彼は三重県から東京第一師範学校に進んだ第一三期飛行予備学生である。教鞭をとるべき手で操縦桿をにぎったのだ。村田玉男二等飛行兵曹は、特乙一期の予科練上がりだった。特乙とは航空兵の大量育成をモットーとして昭和十八年四月、従来の乙種予科練よりも、もっと短期間の養成を受けた飛行練習生のことである。特乙の人数は他のコースに比べると桁違いに少ない。篠崎実一等飛行兵曹は東京出身。三重県鈴鹿の航空隊から神雷部隊に転属になった。

零戦も五〇〇キロ爆弾も、つぎつぎと補充された。したがって後続の特攻隊を送ることは母機を必要とする桜花隊の場合に比し、はるかに楽だったのである。

神雷戦闘機、敵空母へ

鹿屋にある木造小学校の小使室が神雷部隊の士官食堂となっていた。食事時には櫛の歯の欠けるように空き席が目立ってきた。岡村大佐は、母機の補充がつくまで相変わらず戦闘機特攻隊の発進を続ける決心であった。一式陸攻の準備が完了するまでの二ヵ月間、戦いを傍観するわけにはいかない。

すでに第三建武隊（二個中隊、二〇機）も編成され、つぎの出撃に備えていた。

指揮官は第一三期予備学生出身の森忠司中尉。九州佐賀県の出身で拓大生であった。第二中隊長の藤坂昇中尉も同期で、大阪青教の学生である。彼は最後まで桜花への夢をすてきれなかった一人で、何回となく桜花第三分隊長湯野川守正大尉（足立少佐の攻撃第七〇八飛行隊所属）のもとに足を運んだ。そして「どうせ死ぬなら零戦ではなく、桜花で……」と熱心に懇願したと伝えられる。

このころ、四個のアメリカ空母集団のうち二つは補給のため後退し、クラーク少将の第一空母部隊およびベテランのシャーマン少将率いる第三空母部隊の二つが、沖縄の東方約一一〇キロの海上を遊弋していた。

四月六日の早朝、偵察機彩雲はふたたび目ざすこの第五十八機動部隊を発見した。

「奄美大島の南方に計六隻の空母が二群に分かれ……」

と電信員は電鍵をたたいた。闘将宇垣はすぐ戦闘準備を命じた。この日の夕方、戦艦「大和」が沖縄へ向かって出撃する予定だから少しでも敵空母を傷めつけておく必要があった。

まず五〇機の戦闘機を南下させて敵戦闘機を北方に吸収し、その間、各航空隊より選抜した爆装戦闘機（特攻機）四〇機と、艦上爆撃機彗星三〇機を数隊に分け、突入させる作戦をたてた。一大航空特攻作戦である。計七〇機の攻撃隊は、いずれも喜界ヶ島の東方を迂回し、敵の裏をかいて東方と南方から突入することになった。

午前十時、南九州国分から第六〇一航空隊（がんらい空母搭載用として設立されたもの）、第二一〇航空隊、第二五二航空隊（共に零戦を主力とし、一部、艦上爆撃機彗星を有す）より彗星が発進した。これらの部隊は、神雷戦闘機隊とコンビになって出撃することが多かった。

同じころ、鹿屋では、第七二一航空隊の零戦一九機がプロペラを廻していた。第二五二航空隊より応援の爆装戦闘機数機と途中で合流する予定なのだ。第二五二航空隊は三年前、ソロモン航空戦で消耗した部隊であり、再建されたばかりなので、宇垣中将も神雷部隊ほど信頼していなかったようだ。

「隊員の額で敵空母の飛行甲板をたたき割れ」

出陣にさいし、岡村司令はこう激励した。

第三建武隊員はいずれも錦の袋に収めた短刀をもった。短刀には豊田副武と署名があった。昨年十二月、連合艦隊司令長官が神ノ池基地を視察したさい、桜花搭乗員の一人一人に贈ったものだ。長野県出身の唐沢高雄一等飛行兵曹は、父母の写真をしっかりと胸に抱いて操縦席に乗りこんだという。

米第五十八機動部隊は、空母の北東五〇キロに六隻の駆逐艦を哨戒にだした。もし特攻機が空母を襲うとすれば、いやでもその駆逐艦の頭上を通過しなければならない。もちろん敵戦闘機も駆逐艦の上方に配置されている。

正午ごろ、コルセア戦闘機二機に追われながらも、彗星一機が第三空母部隊の駆逐艦へインズワースに体当たりして炎上させた。つづいて零戦三機が現われ、その一機が第一空母部隊の駆逐艦ハリソンに向かって突入した。これは第三建武隊の一機に違いない。しかし、その爆装零戦はあと一歩というところで海上に落下、ハリソンの一二・七センチ砲の楯には、大きな破片が突きささった。

パトロールにひっかからず、第五十八機動部隊の上空に到達したものもあった。第一空母部隊の軽空母サン・ファシントは、特攻機一機が至近距離に落下して小破し、第三空母部隊の空母カボットも飛行甲板すれすれに特攻機が滑り去ったので、肝を冷やした。このほかにも空母二隻、巡洋艦二隻が至近距離に特攻機の落下を見ている。以上の戦果が、すべて神雷の第三建武隊によるものとは判定しがたいが、同隊による可能性が高い。

この乱戦で狼狽した米艦隊は、めちゃめちゃに対空砲火を撃ち上げ、味方の高角砲弾が落下して第三空母部隊の戦艦ノースカロライナと軽巡パサデナとが傷を負っている。

この海空戦で約三〇機の零戦と彗星とが失われた。第三建武隊は、一九機が出撃、一機のみが生還した。零戦としては最大の犠牲だった。一八名の戦死者のうち、二名が士官、残る一六名が下士官であった。

宇垣中将は手傷を負った敵空母が逆襲してくるのを心配し、第八〇一航空隊の飛行艇を二五〇カイリにまで夜間索敵にだした。だが、そのH六型レーダーには敵艦隊の影は写らない。とり逃がしたかと、参謀たちは首をかしげた。ところが、翌四月七日の朝、偵察機彩雲は、昨日の敵空母が多量の重油を流しつつ、まだ南西にのろのろ航行しているのを発見した。やはりいたのだ。

「追撃戦に移れ」

いままで日本海軍はいつも「蛇のなま殺し」のまま敵空母を逃がしている。そのため傷を負った空母は、数ヵ月ののちには修理を終わってまた姿を現わすのだ。ましてや、この日、戦艦「大和」は九州南方を沖縄へ向けて悲壮な航海を行なう予定だ。こうなると、沖縄の米輸送船団など二の次である。やっと飛べるようになった第十一(練習)航空艦隊のヒナ鳥にこれをまかせ、宇垣中将はもっとも信頼する神雷の建武隊を空母に向けた。

建武隊は一人乗りの戦闘機だけに、桜花隊の出撃にくらべ、人数も少なく、その出撃はさびしいものである。いよいよ発進という瀬戸際に立っても、特攻隊員は淡々とした態度を保ち続けた。まったく平常とかわらぬ冷静そのものの振舞いだった。

その落ち着きは、かえって最後の訓示を送る岡村司令や五十嵐周正副長を感動させた。彼らは、部下に涙を見られまいと努力した。整備員や衛生隊、通信班など、見送る側の方が胸のつまる思いで正視できないのが常であった。

すでに零戦はエンジンの試運転を始め、爆音があたりにひびいた。〝北々東、二メートルの風〟片隅の白い吹き流しが気象条件を知らせている。この四月七日は雲が多く、薄曇りだった。

指揮官日吉恒夫中尉は、操縦席に座ったまま右手を前方に突き出す。発進の合図だ。彼は静岡県の人、早稲田大学の学徒兵である。第四建武隊の特攻零戦一二機は滑走をはじめた。第三建武隊より七機少ない。次席指揮官西尾光夫中尉も、風防ガラスのなかで丸々と太った童顔をほころばせる。東京出身で東京外語を卒業した彼も第一三期飛行予備学生だった。

一番機が離陸した。

「頼むぞ！」

基地では全員が手に汗をにぎって、もっともドラマティックな一瞬を味わった。

敵空母まで約二時間の飛行である。第二五二航空隊の爆装零戦一八機も同行する。このほか南九州国分からは艦上爆撃機彗星一一機が同じく十一時二十分、第四建武隊と同時攻撃を行なうべく発進していた。第三航空艦隊から応援に駆けつけた、第六〇一航空隊のものである。

そのころ、米第五十八機動部隊は昂奮のるつぼにあった。世界最大の巨大戦艦「大和」が第二水雷戦隊の九隻に守られて沖縄に近づきつつあるからだ。

「きたぞ！　キング・サイズの奴が……」

デヴィソン少将の第二空母部隊は、給油のため前日から後退しているので、残る三部隊だけで「大和」を迎えうたねばならない。

午前十時、第一および第三空母部隊から二八〇機の艦載機が発進を開始した。第五十八機動部隊司令長官ミッチャー中将は、空母バンカーヒルの司令室から手を振った。神雷戦闘機隊が発進したのは、それより約一時間ほどおくれている。

彼らはタイミングよく、「大和」攻撃に向かった敵空母機と入れ違った。こういったすれ違いは、二年前のソロモン方面の海空戦でもよく起こっている。敵空母機の数が半減したこのときこそ、攻撃のチャンスともいえよう。

『大和』が沈没するさい、航空隊はなんらなすところがなかった」などとよく、のちにいわれたが、それは正鵠を得ていない。宇垣長官は零戦二八機のほか、前述のように四一機もの各種特攻機を発進させていたのだ。見方をかえれば、「大和」が、自己の身を犠牲にして特攻隊のため敵空母を吸収してくれたともいえよう。去る十九年十一月、重巡「那智」がマニラ湾で敵空母を引きつけている間に第三神風左近隊の特攻零戦二機が空母レキシントン(二世)に突入したように。

しかし空母の護衛戦闘機が、まったくカラになってしまったわけではない。彗星や零戦の特攻隊は、目標の手前でこのパトロールに阻止された。

スピードこそ遅いが、操縦性がよく敏捷な零戦は、本来なら決してグラマンF6Fに負けはしない。敵戦闘機の一二・七ミリ・ブローニング機銃は発射速度の速い機銃であるが、零戦とて七・七ミリおよび二〇ミリ各二梃の機銃をもっている。とくに九九式二〇ミリ大型機

昭和20年４月７日、「大和」攻撃機を搭載していた空母ハンコックは特攻機の突入をうけて炎上した。写真は１時間後の甲板で泡沫消化剤が白く見える。

銃の威力はすばらしかった。

だが第四建武隊の零戦は、自分の重さの四分の一をも越す五〇〇キロ爆弾をかついでいるのだ。これでは飛ぶだけでやっとだ。爆弾を捨てるにも敵空母はもはや目の前にあるのだ。千載一遇のチャンスにそんなことができようか。編隊はばらばらに乱れた。

それでも、かろうじて一機が突破に成功した。十二時十二分、高度一〇〇〇メートルでその特攻機は第三空母部隊の空母ハンコックの艦首を横切った。北方で戦艦「大和」が被爆する二〇分前のことだ。そして同機はふたたび旋回、思いなおしたように右舷艦首に狙いを定めて前部飛行甲板に爆弾を命中させ、機体は飛行甲板後部に飛び込んだ。

「大和」への第二次攻撃のため飛行甲板後部に並べられていた空母機は炎上した。火災は前部格納庫甲板にまで及んだ。戦死者七二名、負傷者は八二名であった。

空母ヨークタウンに乗っていたブライアン少佐は、このときの模様を、
「昼食のフォークを手にしたとき、『総員配置ニツケ！』のブザーが鳴ったので鉄カブトをかぶって甲板にでた。すでに対空射撃が開始されていたが、気がつくと僚艦ハンコックからものすごい黒煙が天に冲していた」
と書いている。

米機動部隊は、この防衛戦で、特攻機一八機を戦闘機により、また三機を対空砲火により撃墜したと述べているが、もちろんこのなかには、神雷の零戦のみならず国分から発進した彗星をも含めているのに違いない。

なお、第四建武隊は一二機のうち九機の犠牲を出した。その九名の戦死者は士官が二名、下士官が七名であった。また五機が死の直前「空母ニ突入セントス」の無電を打っている。

連合艦隊の通信班は米側の通信を傍受した。そして「敵空母二隻撃沈、同じく二隻撃破」と解読したのである。これが宇垣中将を喜ばせたことは想像に難くない。彼はいっそう特攻に自信をもつようになった。

こうして岡村司令苦肉の策だった戦闘機特攻隊は、御本尊の桜花より一歩早く、敵空母に突入したのである。

第五建武隊の散華

三日間、南九州は雨が続いた。空襲の目標となる格納庫へ入れず付近の林にカムフラージ

ュして分散した飛行機は、濡れねずみとなる。

すでに沖縄の嘉手納と読谷の両飛行場からは敵が飛び立って、わが特攻機を迎撃するようになった。それでも、四国の松山から第三四三航空隊（司令源田実大佐）が鹿屋に乗りこんできたことは、明るいニュースだった。新鋭防空戦闘機紫電をもって、この基地を敵空母機の空襲から守るからである。

いままで鹿屋は、何回も袋だたきの目に遭いながらも、防空用戦闘機をもっていなかった。これからは鈍重な一式陸上攻撃機も、安心して、ここを基地としよう。幸い、神雷桜花隊の戦力回復も、もはや時間の問題となった。

当時、神雷部隊でいちばん活気のあるのは、富高飛行場だった。ここでは、桜花から戦闘機にまわされたパイロットが自分の出番を待つ。そして出撃命令があると、あらかじめ編成された順番にしたがい、目と鼻の先の鹿屋にひと飛びするのである。岡村司令もここにおり、「天誅組岡村一家」と大書した看板を立てていた。

すでに、第七二一航空隊の零戦特攻隊も、五回目の隊が編成されていた。第五建武隊一六機の編成だ。彼らは、カレンダーに目をやり、静かに出撃命令を待ったのである。

四月十一日、天候はやっと回復した。

午前九時三十分、喜界ヶ島の南方一二〇キロに、彩雲はふたたび敵空母三隻を発見する。

宇垣中将は、十時十一分、岡村司令に、

「第七二一航空隊爆装戦闘機隊の半分は準備完了しだい発進せよ」

と下命した。しかし敵空母三隻は大型空母二隻、小型空母一隻と判明したため、四九分後の十一時、「特攻機は全力を投入せよ」と訂正された。けっきょく第五建武隊は一六機がでることになった。

この日の特攻隊は各隊を合わせると艦上爆撃機彗星九機と爆装零戦五〇機の二本立てであり、爆装零戦五〇機のうち三四機は、第二五二、六〇一、二一〇航空隊の三者より選抜されたもので、六グループに分かれて発進した。

発進時刻は、午前十一時五十分から午後十二時四十五分の間だった。彼らが敵空母に襲いかかったのは、二時間後の一時五十分より五時までの間である。

この出撃には源田実大佐の戦闘機紫電改（三四三航空隊）一五機、第二〇三、六〇一航空隊よりの零戦五五機の合計七〇機が特攻機を掩護して喜界ヶ島付近までパトロールした。

他方、米空母部隊は特攻機の来襲を手ぐすね引いて待ちかまえていた。それは、「去る四月六日、パラシュートで飛び降り、空母ホーネットに捕虜となった一カミカゼ隊員の言葉から、四月十一日に航空総攻撃があると聞いていた」（モリソン博士著『太平洋の勝利』）からである。

そのため、この日は沖縄上空へ戦闘機を送るのをやめて、もっぱら自衛に専心した。爆撃機や艦上攻撃機は、じゃまにならないようガソリンを抜いて格納庫にしまい込み、見張りに先行する駆逐艦の頭上哨戒の戦闘機を一二機に増加させていた。そんな状況を知らない特攻機は、みすみす網にかかったのだ。たまたま第一および第二空母部隊は給油のため戦列を離れていたので、第三空母部隊（シャーマン少将）および第四空母部隊（ラドフォード少将）がこの日、神風の矢おもてに立つこととなった。各空母部隊は、常に二四機ずつの防空戦闘機を上げている。

案の定、午後一時三十分に日本機の攻撃が始まった。二時四十三分、第四空母部隊の新戦艦ミズーリの右舷艦尾に一機が突入、火災が起きた。だが、さすが装甲の厚い戦艦だ。たった三分で消火してしまい、ペンキがはげただけだった。

空母エンタープライズも慧星の体当たりを受けた。同艦は前日、第二空母部隊から第四空母部隊に移った矢先のことだった。やがて第三空母部隊に属する空母エセックスも三時七分、左舷への至近弾により三三名ずつの戦死者と負傷者とを出した。

「我レ敵空母ニ突入ス」の無電を発した爆装戦闘機は七機、彗星は四機に及んでいるが、実際の戦果は以上の二隻だけだった。

これに対して対照的なのは、第三空母部隊の駆逐艦への体当たりである。四月十一日は駆逐艦受難の日だった。五〇〇キロ爆弾を抱いた零戦のうち「空母以外の艦艇に突入す」と打電してきたのは、たった三機であるのに、計五隻が狙われたのだ。

まず空母を離れて前方へ哨戒にでていた駆逐艦バラードが午後一時五十七分、太陽を背に飛来した特攻機に狙われた。だが同機は体当たり直前に火を発し、駆逐艦キッドの後方約五〇メートルに墜落した。

一一分後、キッドは右舷前方約五〇〇メートルから突っ込んでくる神風機に対し、あわてて射撃を開始した。この特攻機は、なんだ駆逐艦かとでもいいたげに頭上を去ったが、続いて別の二機がかわって現われた。

その二機はわざと空中戦のまねをしながら接近してきた。組み打ちをしていれば、少なくとも一機は味方機だと米艦隊に思わせ、高角砲の猛射を避けることができる。そして、キッドの左舷真横一四〇〇メートルにいた駆逐艦ブラックの反対側に出ると、そのうちの一機はブラックに向かって急降下した。ところが、この特攻機はなにを思ったか急に上げ舵をとり、被弾で煙を吐きつつ反転して、キッドに体当たりした。

吃水線付近の前部ボイラー室を破壊されたキッドは、二二ノットで狂ったように走り続けた。艦長H・G・ムーア中佐は重傷を負ったので、予備役のブリチン大尉が自らの負傷にも屈せず艦を指揮した。キッドは戦死三八名、負傷五五名を出したが、死傷者合計は全乗組員の四分の一近くにもあたる。浸水した同艦は、この戦闘機の残骸をボイラー室に入れたまま、カロリン諸島ウルシー基地へ修理に向かった。

死傷者続出のキッドに軍医を送ろうと転舵中の駆逐艦ヘールも、至近弾を喰って大きく揺れた。同じく第三空母部隊の駆逐艦ハンクも、特攻機一機が至近に落下したさいの爆発で戦死三名、負傷一名をだして小破している。

米海軍が空母の外側に駆逐艦を配置、防波堤の役目をさせる方式は、とくにこの四月十一日に有効だった。

長時間の飛行で疲労した特攻機パイロットは、駆逐艦を見つけると昂奮し、「空母がいなければせめてこの戦艦にでも」と小敵に体当たりしてしまうからである。

四月十一日の海空戦で、米空母機は特攻機一七機を、また第五十八機動部隊の対空砲火は一二機撃墜を記録している。

第五建武隊は一六機のうち一三機が帰らなかった。

戦死した士官三名、下士官一〇名。先任は茨城県出身、多賀高等工業の矢口重寿中尉であった。同じく第一三期飛行予備学生の横尾佐資郎中尉は、佐賀県出身、台湾にある台南高等工業の学生。一等飛行兵曹の市毛夫司も指揮官と同県人、茨城の出身で乙種予科練第一七期生、十九歳の青年であった。

二十二歳になる熊本の西本政弘一等飛行兵曹も、戦死者のなかに数えられた。甲種予科練出身の彼は三井工業の電気専門部を卒業していたので、その専門的知識をかわれ三重航空隊の教員をやったこともあった。

桜花第三分隊長だった湯野川守正大尉が後に記したところでは、西本兵曹は数ヵ月前、基地から遠からぬ厳父を訪ね、最後の別れをつげた。そのとき彼は、「私の乗る桜花機についでは、軍の秘密ですからいっさい話すことはできません。しかし、桜花はフィルムに撮ってありますから、いずれ世に発表されるときがきたら、私もニュースの画面にでるでしょう」と洩らしたという。

おそらく機械好きな西本兵曹は、父親にロケット新兵器桜花の威力を語りたくて仕方がなかったのではないだろうか。

翌四月十二日夜九時のラジオは、「神雷第五建武隊が昨日出撃し、熊本県出身の西本政弘兵曹は『敵空母に突入』と最後の無電を発して壮烈な戦死を遂げた」と放送した。特攻隊名だけしか発表されなかったが、このとき父親は、やはり愛児が桜花という秘密兵器に乗って散華したものと信じて疑わなかったろう。

桜花がはじめて仮面を脱ぎ、でかでかと新聞に発表されたのは、西本兵曹の戦死から一ヵ月半ののちであった。

曾我部隆二等飛行兵曹は昭和十七年五月、九州佐世保の海兵団に入団した一般水兵だった。彼は黄色の腕のマークを空色（飛行科）に変えたくて矢も楯もたまらなくなる。ついに大空への夢にあこがれた彼は丙種飛行兵となり、土浦・徳島の両航空隊で練習機コースを修めたのち、鹿屋航空隊に入って水上偵察を学んだ。水上機上がりの特攻隊員はめずらしい。

四月十一日の特攻状況は高速偵察機彩雲が目撃した。視界不良ではあったが、たしかに黒煙二条が高く立ち上るのを認めている。しかし敵戦闘機の妨害のため、くわしい戦果の確認はなされずに終わってしまった。

桜花、敵艦を轟沈

連合艦隊では、相つぐ神風攻撃で敵が動揺していることに感づいた。

「あと一押しだ」

たまたま、四月十二日を期して沖縄のわが第三十二軍は、嘉手納および読谷の両飛行場を奪回する作戦に出た。これに対応して内地の陸海軍も九州から二回目の航空総攻撃をかけることになった。菊水二号作戦と称するこの大特攻作戦では、桜花にも出撃命令が下った。四月一日以後一一日ぶりの出陣である。

前日の十一日、戦闘機の第五建武隊を送ったばかりの神雷部隊は、ふたたび活気に包まれた。第三桜花特攻神雷部隊は各九機の一式陸上攻撃機と桜花で編成された。（一説には八機と

もいう）

宇垣中将は、桜花の使用には相当に迷ったらしい。米軍が沖縄の二つの飛行場から戦闘機を上げるようになったからだ。しかし、昨夜来の雨もあがり、天候が良くなったので思いきって出撃させることとなった。

隊員は朝、薄暗いうちから整列したが、実際の出撃は大分おくれた。今日の目標は敵機動部隊ではなく、沖縄周辺にいる艦隊や輸送船団である。

この日、陸海軍合わせて合計二三隊もの特攻隊が出撃したが、桜花は第十（練習）航空艦隊の九九式艦上爆撃機と相前後し、午前十一時から午後十二時三十分の間に鹿屋を発進した。『神風特別攻撃隊』によると、三番隊の桜花パイロット土肥三郎中尉が出撃直前、第五航空艦隊司令部付中島正中佐に残した言葉は、

「今日、設営隊から畳一五枚借りる約束です。また別の部隊からはベッド六台を借りることになっています。これをとっておいて下さい」

という日常と変わらぬ言葉だったという。

土肥中尉は居住区整備係になっていたため、責任感の強い彼は、自分の出撃後も桜花隊員が居心地よい毎日を送り得るよう、心を配っていたのである。ちょうどソクラテスが死の直前残した言葉、「忘れていた。私が死んだらニワトリ一羽を返しておいてくれ」を思わすものがある。

土肥中尉は兵庫県の出身、大阪第二師範学校の学徒兵で第一三期予備学生だった。

一式陸上攻撃機にとって、沖縄までは二時間四〇分の飛行である。ところが途中、敵戦闘

機五機を発見、これを避けたため、編隊はばらばらになり、数機ははぐれてしまった。

先の土肥三郎中尉は、「戦場二〇分前になったら起こしてくれ」と、かるく機上でまどろんだ。母機の機長三浦北太郎少尉は彼と同じ第一三期予備学生だったが、この大垣な敵前の昼寝に舌をまいたという。

第三神雷特攻桜花隊は、一度東シナ海に出て、沖縄の北西岸に廻ってから左に向かい、南東に進むコースをとった。

沖縄上陸艦隊の司令官リッチモンド・ターナー中将は、苦しまぎれに神風対策をあみだしていた。それは沖縄の輸送船団を守るため、船団の周囲の一五ヵ所へ哨戒艦を配置することである。約一二〇キロ外方へ駆逐艦を常に泳がせておけば、必ずや特攻機はどこかの駆逐艦の頭上を通過するから、内部の船団は約二〇分の間に煙幕を張ったり、揚陸作業を中断したりすることができる。もちろん駆逐艦の頭上には、常に四機～一二機の戦闘機を上げて防空にあたらせる。

これら駆逐艦の前マスト先端には四角いSPレーダーのアンテナが装備されていた。哨戒艦はこれによって夜でも特攻機の侵入を知ることができる。そして駆逐艦に乗った戦闘機指揮班が、無電で味方戦闘機に特攻機の方向を教える方式をとった。ちょうど第五十八機動部隊が、駆逐艦を前方に派遣したのと同じ方法である。

これら駆逐艦は、機動部隊以外の部隊からスカウトされ、三日おきに交代で定められた哨区についた。

「チェッ、また俺の番か！」

水兵たちは、この哨区を嫌がった。特攻隊の攻撃は連日のように続き、疲労と焦燥と恐怖の毎日を送っていたのだ。夜は鉄カブトのまま甲板に転がり、食事もビスケットとインスタント・コーヒーのK型野戦用食糧に変わってしまっていた。

そんな哨戒艦の一つにマナート・L・アベールがあった。第六十水雷戦隊の旗艦である同艦は、三年前、氷のアリューシャン水域で、日本駆潜艇第二十五、二十七号を葬りつつ自らも行方不明となった潜水艦グルーニオンの艦長マナート・L・アベール少佐の名を記念したものだった。

同艦は艦齢八ヵ月の新鋭艦で、ペンキの色も生々しい精鋭である。二ヵ月前の硫黄島上陸作戦にも参加し、わが第百九師団（胆兵団）の陣地に艦砲射撃を加えた仇敵である。アベールは、こんどの沖縄戦でも第五十四艦砲射撃部隊に属し、戦艦の直衛についたり、わが第三十二軍（球兵団）の頭上に砲弾を炸裂させたりして、数日を送ったのである。

四月十二日、同艦は沖縄の北西一一〇キロの海上にある第十四哨区に立ったが、午後二時四十五分、第二・七生隊の特攻機一機が左舷後部機械室に突入してきた。この特攻機は、朝鮮の元山航空隊で編成した零式戦闘機だった。同艦はたちまち動力を失って海上に停止してしまった。

そのころ、母機の三番機も第十四哨区に接近しつつあった。機長三浦北太郎少尉はブザーの音に緊張する。桜花に乗り移った戦友土肥三郎中尉からの合図、「発進準備よろし」だ。いよいよ桜花を落とすのである。彼は胸の鼓動をいかんともなし難かった。

沖縄の山を背景に一〇隻の敵艦が見えてきた。桜花は高度六〇〇〇メートルで発進すると、三万メートルまで飛ぶことができる。だが万が一にもクラス・メートを犬死にさせてはならないと、三浦少尉は一万八〇〇〇メートルまで突っこんだ。

みるみる敵艦の姿は大きくなる。いまや発射にはもっとも理想的な状態となった。

「打てっ！」

母機はすぐ左へ旋回、西方へ離脱した。

一方、特攻機の体当たりで航行不能となったアベールは、空の一角から「変なもの」がものすごい速力で突っ込んでくるのに気づいた。カリーグ大佐の『戦闘報告』によると、それは「飛行機にしては小さすぎた」とある。

一二・七センチ砲を向ける暇などない。四〇ミリ大型機関砲を乱射するだけで、精一杯だった。一瞬の間に桜花は右舷から飛びこみ、前部煙突付近の舷側に命中してボイラー室を吹き飛ばした。大爆発が起きた。

開戦時の真珠湾では八〇〇キロの大型爆弾が敵戦艦を一発で倒している。ところが桜花はその二倍以上もあるのだ。マナート・L・アベールは体当たりの瞬間、すでに主甲板を波で洗われた。そして真っ二つに折れ、三分の後には早くも海底に沈んだのである。

沈没に際して六名が戦死、七三名が行方不明、三五名が傷を負った。行方不明が多いのは、沈没があまりに急であったため、脱出できず艦とともに海底に沈んだ者が多かったからである。死傷者合計一〇四名は、同艦乗組員三五〇名の約三分の一にあたる。

ロケット砲艦LSMR一八九、一九〇号の二隻がちょうどアベールの付近にいたので、さっそく生存者の救助を開始する。

マナート・L・アベールは桜花の直撃を受けた——したがって二次大戦中、マル・ダイに沈められた——唯一の艦艇となった。

特攻機につぎつぎと体当たりされ、二〇〇名余の死傷者を出した米駆逐艦は三隻もある。しかし、アベールこそ桜花が沈めたという意味で記憶すべき軍艦となった。

一式陸攻の機上から三浦少尉が振り返ると、「戦艦一隻」が体当たりによって、真っ黒な噴煙を五〇〇メートルもの高さに噴き上げている。轟沈まちがいなしだ。

「やったぞ。土肥中尉のマル・ダイが命中した！」

こんな状況を昂奮して伝えた彼も、二ヵ月後の第一〇次出撃で還らぬ人となった。

宇垣中将はこの報告を苦りきった顔で聞いていた。戦況報告に要領を得なかったらしい。「戦果の確認を欠き、情なき有様なり」と、彼は日記『戦藻録』にこう書いている。だが桜花も「三度目の正直」で、やっと戦艦一隻（実際は駆逐艦）を轟沈したのだ。

はじめこの兵器に懐疑的だった宇垣長官は一応の成功により、どうやら桜花の寿命も延びたな、と思いなおすに至った。

戦果、さらに続く

四月十二日の菊水二号作戦で、桜花の武勲はひとりアベール轟沈にとどまらなかった。

第五二・三掃海部隊には、駆逐艦改造の大型掃海艦ジェファーズがあった。この艦は、一年前、地中海や大西洋でドイツ潜水艦との戦いを経験してきたが、日本軍ははるかに手強かった。

アベールより南の第十二哨区についていたジェファーズは、アベールが最初の特攻機に体当たりされたと聞き、全速力で救援に向かった。途中、同艦は一式陸攻一機が一〇キロ先で旋回しているのを発見した。ありとあらゆる対空砲火が撃ち上げられる。

午後二時五十三分、――アベールが桜花に体当たりされた二分後――その一式陸上攻撃機もジェファーズの真横に至り、「奇妙なもの」を発射した。

桜花は太陽を背にして突進してくるので、目がくらみ、射撃はおぼつかない。このマル・ダイは惜しくも敵の右舷五〇メートルに落下してしまい、ものすごい水柱を上げた。至近弾でものすごい威力だ。火災が起こり、士官室の壁には自動車が通れるほどの大穴がポッカリと口を開けたのである。大爆発の水圧でジェファーズの上甲板はネジれてしまう。同艦は損傷艦の集まる慶良間列島（沖縄本島の西方）に落伍していった。

さて桜花を投下して帰ってきた一式陸上攻撃機は九機のうち、二機だけだった。その中の一機は、光斉政太郎二等飛行兵曹の桜花を発射したのである。

彼は「元気でやります」とポツリと言い残し、床の穴からさり気なく桜花に乗り移った。いかにも予科練出身らしいさっぱりした若人だった。大阪出身の彼はオイチョカブの名人で、たいていの隊員は彼から賭金をさらわれていたという。

間もなく、左下前方に現われた敵艦に向け、光斎兵曹の桜花は矢の如く突進していった。しかし、どれが彼の戦果かはっきりしない。

米軍の哨戒艦は散々だった。この約一時間前、第一哨区にあった駆逐艦カシン・ヤングも第十（練習）航空艦隊の九九式艦上爆撃機により大破している。

その代わりとして、駆逐艦スタンリーが沖縄北方九〇キロで海上の〝番兵〟を勤めていた。スタンリーは海兵第六師団を乗せた輸送船を護衛してきた艦で、第五十三輸送船団に属する一隻である。スタンリーの第一哨区はアベールやジェファーズの配置より東方だった。すなわち、いちばん嫌われる〝特攻通り〟なのだ。

米戦闘機と日本機との乱戦の最中、突如、一機の桜花が右舷艦首の吃水線上一・五メートルのところに体当たりしてきた。命中個所が前すぎたため、桜花は左舷に貫通してから爆発した。スタンリーは鼻の下を失い、入れ歯を落とした老人のような格好になってしまった。

一〇分ののちふたたび空中戦が始まる。スタンリーは急速転舵中、また別の桜花一機が頭上をすれすれにかすめ去った。水兵たちは、思わず首をすくめる。それはマストの先の戦闘旗を持って行き、右舷一八〇〇メートルの海面に落下した。突入時の高度が高すぎたのだ。その桜花は海面でバウンドし、紛々になってしまった。

桜花の最後の模様が判明しているのは、以上の四機だけである。

実はスタンリーの位置より一四〇キロ南々西に、米第五十四艦砲射撃隊の旧式戦艦一〇隻が遊弋していた。一四〇キロといえば一式陸攻で、わずか二十数分の飛行にすぎない。戦艦テネシーに率いられるこの艦隊は、五ヵ月前、レイテ湾に向かうわが戦艦「山城」「扶桑」らを沈めた仇敵である。そしていままた、わが第三十二軍（球兵団）の陣地に、大口径砲の猛射を浴びせていたのだ。

桜花の特攻と同じころ、第十航空艦隊の九九式艦上爆撃機や九七式艦上攻撃機は、戦艦ニューメキシコやアイダホを攻撃していた。彼らは練習航空隊を卒業したばかりで、明らかにその技量は神雷部隊より劣っていた。ところが、こともあろうに日本海軍のホープ、第七二一航空隊が揃いもそろって小さな駆逐艦に飛びついてしまったのである。これは桜花隊指揮官の責任では決してない。がんらい爆撃機や攻撃機は、大編成を組んで行動する。いわば指揮官まかせの飛行だ。だが第三桜花神雷隊はばらばらの単独飛行戦術を採用したため、経験の浅い若い機長が、各自の判断ですべてを決定しなければならなかった。

せっかく敵艦に迫ったこの日の桜花隊が、ことごとく駆逐艦のごとき小敵に突入してしまったのは実に惜しまれる。

四月十二日、桜花隊の戦果として日本側は「戦艦二隻轟沈、同一隻撃沈」と記録している。艦型識別能力の不足からきた誤りである。

その点、沖縄方面輸送集団司令官ターナー中将の「囮作戦」は大成功だった。血気にはやる特攻機をこんな小ものに吸収させてしまったからだ。

山村恵助一等飛行兵曹は、桜花パイロットとして二度目の出撃だった。前回の四月一日は鹿児島の南方に母機ごと墜落したので、今日は手の傷に副木を当てている。ところが彼の母機だけが隊からはぐれ、折からの雨雲にさいなまれた。せっかく沖縄の上空に到着しても悪天候のため、視界がせまくて敵艦が発見できないのだ。高度を下げれば見えるかも知れないが、桜花は少なくも四〇〇〇メートル以上の高度で投下しなければならない。

機長は攻撃を断念した。一度、桜花に移った山村兵曹は、ふたたび母機に引き上げられた。そして危険な桜花を海中に投げすてて鹿屋に帰投してきた。

母機九機のうち生還したのは合計二機。一機は山へ衝突して全員戦死。別の一機は桜花発進後、沖縄北方にある沖ノ永良部島に不時着した。

戦死した桜花パイロット八名のうち士官は三名、残りが下士官である。

指揮官今井遉三中尉は新潟の人。東京第三師範学校の学生。台湾の高雄航空隊にいた彼は、第七二一航空隊が発足するやいなや零式輸送機で内地に送還された。

同じく第一三期飛行予備学生の岩下英三中尉。彼は去る二月、神ノ池から九州へ移るさい、故郷に父を訪ねた。「この戦争は、もう日本の負けです。しかし我々は人柱となって敵を本土へ上げさせません」と語ったと伝えられる。インテリの彼は群馬県出身、桐生高等工業の学生。

これで途中、戦闘機特攻隊へ移った者を除き、この日を最後に、元野中小佐の攻撃第七一一飛行隊に配属されていた桜花第二分隊（分隊長三橋謙太郎大尉）はほとんど全員戦死し果てたのである。

他方、母機の攻撃第七〇八飛行隊は計三五名の戦死者をだした。士官三名、兵五名、他の二七名が下士官。

この日戦死した母機搭乗員の先任者は野上祝男中尉。彼は予備学生出身ではなく、職業軍人であった。次席の東京の佐藤正人少尉は、北海道の室蘭高等工業を卒業した第一三期予備学生だ。静岡の森島俠一郎少尉も、静岡第一師範学校の学徒兵である。

小島典吾一等飛行兵曹は九州福岡県の出身。二十歳の彼は二つの和歌を残して死んでいった。一年と二ヵ月の教育を受けて昭和十八年十一月、茨城県土浦を卒業した甲種予科練第一一期生で、彼のクラス六〇〇名のうち一三〇名もが艦務実習中、戦艦「陸奥」の大爆発にあって殉職している。

桜花による最初の、そして最大の戦果は、ちょうど四十五歳の誕生日を迎えたばかりの岡村司令にとって、何物にも換え難いプレゼントとなったのだ。

あわや同志討ち

翌四月十三日、零式双発輸送機二機が日本列島を西に急いでいた。目的地は鹿屋基地である。この零式輸送隊は、米国ダグラス社のDC3型旅客機を国産化したものだ。約二〇名ずつ座席についている乗客は、いずれも桜花第五分隊員である。

神ノ池では、昨日の戦いで第二～四分隊が全員戦死したものと思い込んでいた。そのため第五分隊長新庄浩大尉が後輩への指導をそこそこに、自己の隊員を引き連れて輸送機で急遽、戦線に向かったのである。

気負い立った彼ら隊員は、自分たちが到着しさえすれば、敵空母なにするものぞと意気ごんでいた。いかに心は焦っても、巡航速度二四〇キロの輸送機ではままならない。四時間後に二機の輸送機は爆弾の穴を避けつつ鹿屋に着陸した。茶色の航空服に身を固めた桜花第五分隊員の到着申告を受けた第七二一航空隊司令岡村大佐は、「よくきてくれた」と顔をほころばせた。

そして翌日、神雷桜花隊は四回目の出撃をこころみた。第五航空艦隊はすっかり戦力を落とし、海上の偵察まで陸軍の第六航空軍（靖兵団）に手伝ってもらう始末だった。四月十四日、陸軍の一〇〇式司令部偵察機が彩雲にかわって索敵に飛んだ。午前九時四十三分、偵察機から、「徳之島ノ南東一三〇キロニ敵空母アリ」と打電してきた。徳之島は沖縄と奄美大島との間にある小島である。

二日前の成功に気をよくしていた宇垣長官は、岡村司令に再度の桜花出撃を命じた。しかし二日前とは相手が違う。四月十二日の攻撃は、沖縄に行けば必ずいる輸送船団が目標だった。ところが今日は海上を六〇キロもの速力で走りまわる警戒厳重な機動部隊である。それを白昼攻撃するのだ。

もちろん第五航空艦隊司令部とて、その危険は十二分に心得ていた。だから野中隊の悲劇をくり返さないために、麾下の全戦闘機を投入、一時にでも制空権を確保する計算が整っていたのである。

ベテランの第二一〇航空隊、空母機として訓練した第六〇一航空隊、宇垣中将の直系兵力たる第二〇三航空隊に加え、新しく加わった源田実大佐の第三四三航空隊（剣部隊）からも戦闘機、合計一二五機が集められた。その中には従来の零式戦闘機のほか新鋭の紫電も何割かを占めている。紫電は、零戦より七割も馬力が強く、二〇ミリ機関砲は零戦の二倍も装備していた。まさに救主的存在の新鋭防空用戦闘機であった。

堂々一〇〇機以上もの戦闘機が空を真っ黒に埋めつくし、特攻隊を守ろうというのだ。がんらいが戦闘機パイロットである岡村大佐は胸の高鳴るのを覚えた。

彼はすでに編成されていた第四桜花特攻隊七機に発進を命じた。この七人は昨日、神ノ池から到着した応援部隊ではなく、前の部隊の生き残りなのだ。

「必ずやっつけます」

指揮官沢柳彦士大尉は自信ありげな顔つきである。

「チョーク外せっ」

三角型の車輪止めがさっと左右に引かれた。

離陸時間は午前十一時三十分より五十三分の間である。七名の桜花搭乗員も、白いマフラーをちぎれんばかりに機窓から振り続けた。

今日の桜花パイロットは下士官ばかりで、士官は一人もいない。

予科練甲種九期生として十八年三月に卒業した川上菊臣上等飛行兵曹は、半年前の台湾沖航空戦が初陣だった。そして自己の戦闘機に三八発もの敵弾を受けて不時着したエピソードの持ち主だ。

同じ予科練出身でも乙種の田村万策上等飛行兵曹は、「好きな人がいるから、どうしても死にたくない」とくり返していたが、いまは晴ればれとした笑顔で南の空に消えていった。

四国の高知県といえば岡村司令と同郷だが、ここの町田満穂一等飛行兵曹は昭和十六年五月、九州の佐世保第二海兵団へ三等水兵として入隊した。やがて戦艦「霧島」に乗り組んだ彼は、インド洋海戦やミッドウェー海戦で、空母の護衛任務についている。第三次ソロモン海戦で「霧島」が沈没したさい、冷たい海を泳いだ経験さえあった。この苦杯は彼を発心させるのに十分だった。飛行機こそ海戦に必要なものだと、町田兵曹は航空科を志願、土浦航空隊で基礎訓練を受けたのち、宇佐航空隊では艦上攻撃機や艦上爆撃機のコースを修めている。

九州の出水航空隊では大学出の予備士官に対し、教員として操縦桿のとり方を教えたことさえあった。享年二十二歳。

第四桜花隊パイロットの先任者は真柄嘉一上等飛行兵曹だった。東北出身の彼は戦闘機乗りにありがちな小柄なタイプだったという。彼は甲種飛行予科練習生の第九期として開戦直前、土浦航空隊に入隊している。

この第九期生は、すでに古参兵の部類に入るクラスであり、級友の一部は一〇ヵ月前のマリアナ沖海戦のさい、第六〇一航空隊員として空母「大鳳」や「翔鶴」にさえ乗艦していた。神雷桜花隊には五名のクラス・メートがいたが、真柄兵曹が桜花操縦としてもっとも早く出撃命令を受けたのである。なおこのクラスはいちばん悲惨なクラスで、八四一名中、七四パーセントもが戦死してしまった。

さて第五航空艦隊では、特攻隊としてひとり桜花のみを送ったわけではない。補装戦闘機というショート・パンチの特攻機も同時に離陸したのである。身軽な零戦特攻機と重装備のマル・ダイとの組み合わせは効果的であった。現に二日前、マナート・L・アベールを桜花が轟沈させる一分前、普通の特攻機が体当たりして同艦を航行不能に陥らせていたではないか。

もちろん宇垣中将が、そんな状況を知るよしもなかった。しかしこの十四日も零戦がまず敵艦の抵抗力を弱めてから、一発必殺の桜花がおもむろに突入する計画だったことは当然考えられる。

そこで、やっと飛べるようになった第十（練習）航空艦隊のなかから、谷田部、筑波、大村の三航空隊が選抜され、合計二一機の零戦特攻機を南下させた。発進時刻は桜花隊と同じで、一緒に飛んだものと思われる。ところが、宇垣中将はこの連中の技量が気にかかってならない。

四月十二日、やはり第十航空艦隊の旧式な艦上爆撃機や艦上攻撃機を沖縄に向けて飛ばしたときにも、若い彼らは昂奮のあまり、途中から、

「我レ必中ヲ期ス」

「天皇陛下、万歳」

などと不必要な無電を暗号にも組まず、打ってきている。「これから行きますよ」と敵に教えてやるようなものだ。

生まれてはじめて実戦にでるのだから無理もないが、とにかくひどい。要するに元気だけはあるのだが実力がともなわないのだ。自分が飛ぶだけで精一杯で、これでは一式陸攻との協同作戦など思いもよらない。

そこで、岡村大佐は第七二一航空隊からも零戦特攻隊を出すよう命ぜられた。三日ぶりに発進する神雷特攻爆装戦闘機である。この部隊は九機よりなり、第六建武隊と称せられた。神雷部隊は桜花と零戦の二本立ての特攻隊を見送ったのである。九機の発進時刻は桜花隊より約三時間おくれ、午後二時二十分より四十分の間だった。このような二種の特攻隊出撃は、その後も二回行なわれた。

第六建武隊指揮官中根久喜中尉も第一三期予備学生の日大出身である。彼の故郷東京はこ

の五ヵ月間、サイパン島より飛来するB29爆撃機の焼夷弾攻撃で痛めつけられていた。多くの民間人、非戦闘員が家を失い、猛火に倒れたが、中根中尉の恋人も空襲の犠牲となったらしい。

「僕もすぐ行く。あの世で待っていてくれ」

操縦席についた彼の胸には、そんな思いがあったかもしれない。

鈴木才司上等飛行兵曹は桜花にほれこんでいた男である。いかにヒューマニズムに反するとはいえ、ともかくマル・ダイは世界最初のロケット有人機には違いない。しかし、なまじっか戦闘機パイロットとしての腕がよかったため、彼は神雷零戦隊に回されてしまったのである。

注目すべきは、第六建武隊零戦の機数だ。防衛庁戦史室編の『沖縄方面海軍作戦』には、「爆戦（七二一空）九連絡ナク不明、未帰還九」とある。ところが特攻隊戦死者名簿には六名の名前しかない。三名が不足なのだ。

したがってはじめから六機しか出撃しなかった可能性もある。猪口力平・中島正共著の『神風特別攻撃隊』付表には、第十航空艦隊の爆装特攻零戦と合計して、「二九機出撃、一機帰投、残り二八機が未帰還」と記入されている。

いずれにもせよ、特攻隊は、一度出撃したら、そのまま行方不明になってしまうものが多く、その最後がはっきりしないのが常だった。

さて一二五機にも及ぶ制空隊は、南九州の国分、笠ノ原、鹿屋の三基地より、それぞれのグループに分かれて発進した。だから、いかに大部隊といっても自分の視界内には自己の編隊しか目に入らない。連絡が不十分だった。全行程の三分の二近くを南下、喜界ヶ島の付近にさしかかったとき、意外な珍事が勃発した。

まず紫電隊はよく晴れた青空の一角にいくつかの黒点を見た。

隊長機は翼を左右に振った。

「全軍、突撃セヨ！」

の合図である。

速力を上げた紫電は、餌物を狙う隼のようにこれに飛びかかった。

突如、機銃弾を浴びせられた零戦制空隊は、すかさずボタンを押して落下増槽を投げすてた。空中戦のじゃまになる燃料タンクである。

ところが濃いグリーンの「敵機」には日の丸が輝いているではないか。危なかった。同志討ちに気づいて味方識別信号が交される、なるたる不覚ぞ。さて一度、空中戦をはじめると、普段の四倍以上もの燃料を喰ってしまう。ましてや紫電は防空用に設計されただけに長時間飛べず、四散した制空隊は基地に帰ってしまった。

護衛の零戦もすでにあの騒ぎて落下増槽をすてている。爆弾型をしたこの増設燃料タンクには三三〇リットルのガソリンが入っているから、航続力も五七パーセント延びるはずだった。あとはただ主翼と胴体内にあるタンクだけで飛ばねばならない。

彼らは特攻機ではないから、明日以降の戦いに備え、必ず基地に帰らねばならないのだ。

燃料計の針が気になりだした。

さらに悪いことは重なるもので、零戦隊の隊長機は故障のため、この事件以前に基地に引

4月14日、体当たりをうけた駆逐艦シグスビー。艦後部に命中したため5番砲が射撃姿勢の状態で停止している。舵を失い、自力航行が不能となった。

き返していたのである。動揺をきたした護衛零戦隊も予定地点まで進出せず機首を北に向けた。

他方、七機の一式陸上攻撃機と二一機の特攻零戦とは、そんな味方討ちをつゆとも知らない。味方の制空隊が上空で必ず自分たちを守ってくれると信じ込んでいた彼らは、大舟に乗った気持で敵空母に向かっていたのである。

戦闘機の掩護を欠く点では、去る三月二十一日、野中隊の悲劇を彷彿させるものがあった。護衛のない攻撃隊の末路は痛々しい。案の定、彼らは敵戦闘機の〝通せんぼ〟に遭ったのである。

第五十八機動部隊のうち、第三空母部隊に属する空母ヨークタウン（二世）では、午後一時二十分、「総員配置ニツケ」のブザーが鳴った。

「北西および北東の両方より日本機接近中！　近い方のグループは八〇キロの距離にあり。わが哨戒戦闘機隊は一式陸上攻撃機二機および零戦一機を撃墜。さらに一式陸攻一機を落とした」

八〇キロといえば、もう桜花パイロットは母機からマル・ダイに乗り移っているころだ。あと十分もすれば、発射位置に達する。どうしても四〇キロまで接近しなければならない。

スピーカーはさらに続けた。

「一式陸攻二機を撃墜。空母の東北東六〇キロ。なお前衛駆逐艦が攻撃を受けつつあり」

七機の母機のうち、一機だけが桜花の発射を基地に報告した。そして全部が敵戦闘機に喰われてしまったのだ。

爆装零戦もつぎつぎと犠牲となったが、二機が「タダイマヨリ体当タリニ移ル」のモールス符号を基地に打電しつつ散華している。

一五機が空母の前方にでていた駆逐艦を狙った。第二空母部隊の駆逐艦ハントは、レイテ沖海戦で栗田艦隊からはぐれた駆逐艦「野分」を追った艦だが、特攻機一機に狙われた。特攻機は第一煙突と艦橋との間を通り抜けてハントの舷側付近の海面に落下し、五名を負傷させている。

五分後、別の一機が第一空母部隊の駆逐艦シグスビーに突入、後部一二・七センチ砲の真横に穴を開けた。同艦の左舷推進器軸はポッキリと折れ、右舷軸も彎曲してしまう。艦尾は浸水、四名が戦死して七四名が傷を負った。これだけの損傷を受けたにもかかわらず死者の数は少なかった。主甲板まで海水につかり、行動力を失ったシグスビーは戦列を離れ、グアム島へ曳航されていった。

同じく第一空母部隊の哨戒にでていた駆逐艦に、ダッシェルがある。同艦はタラワ上陸のさい、わが第三根拠地隊と撃ち合った経歴をもっていたが、これまた特攻機により小破した。

しかしどうやら、これら三隻の駆逐艦を損傷させたのは第七二一航空隊の第六建武隊零戦によるものではないかも知れない。

当日の第六建武隊はまったく消息を断ってしまい連絡がなかった。しかし、後に偵察に飛んだ彩雲が海面に黒煙や重油を発見し、ある程度の戦果を挙げたものと推定した。この日、第七二一航空隊は母機七機と建武隊九機の全部を失った。戦死者合計六一名。

宇垣中将は陸軍第九十八飛行戦隊の重爆飛龍に命じ、夜間雷撃により戦果の拡大を命じた。

この四月十四日、戦死した母機隊員四八名のうち、士官五名、水兵九名、残る三四名が下士官であった。

二番機の機長斎藤三郎中尉は福島の人、仙台高等工業の学生上がりである。彼は第七二一航空隊が編成されると、すぐ百里ヶ原基地に送られてきた。当直になると太いベルトに軍刀を吊るして基地をネリ歩いたものだが、その姿は大男の彼にはピッタリだった。福岡の梶原勝之少尉は摂南高等工業の学徒兵。同じく第一三期飛行予備学生の竹内秀雄少尉は法政大学出身、長野県人。

岩崎良春少尉は出身大学も、故郷も竹内少尉と同じであった。二人とも機長席に座り、窓から互いに手を振りつつ煙と火炎に包まれていったに違いない。

十九歳の加藤豊彦二等整備兵曹は東京の人。横須賀海兵団で教育を受けた彼は遺書で、「父も母もない唯一人の妹をよろしく」と兄に頼んでいる。

これら戦死者がふえるにつれ、基地隊員は一層、穴のあいたような空虚な気持に追いやられるのである。

かくて宇垣中将がせっかく考え出した「制空権の一時掌握中の特攻」も、部下のミスから音を立ててくずれてしまった。

敵新鋭海兵隊機の登場

ブルドーザーやパワー・ショベルを縦横に駆使するアメリカ設営隊は、占領したばかりの沖縄飛行場の整備にかかっていた。「海の蜂」と仇名される彼らは、黒人兵が多く、タバコを口に、鼻唄を歌いながらトラクターのハンドルをにぎっていた。一本のスコップを頼りに、人間の労働力をあてにした日本の設営隊とは雲泥の差だ。

日本軍がめちゃめちゃに破壊しておいた基地は、またたく間に使用可能となり、「大和」を沈めた四月七日には、早くも海兵第三十一航空隊が北の読谷飛行場に進出してきた。一年間もマーシャル諸島のクエゼリン環礁にいた部隊である。

四月九日には、桜花を生け捕りにした嘉手納飛行場へ、海兵第三十三航空隊が着陸した。いずれもヴォート・シコルスキーのコルセア戦闘機四個中隊よりなるもので、約一一〇機。彼らはさっそく地上戦に協力したり、特攻機を阻止する防空隊を上げたり、あわただしい数日を送った。

この活動を封じなければ特攻機はみな喰われてしまう。四月十六日にはいよいよ菊水三号作戦（三回目の沖縄特攻航空総攻撃のこと）を敢行する。そこで前日の夜から宇垣中将は零戦と艦上爆撃機彗星一二機を投入、嘉手納、読谷の両飛行場を制圧した。

さらにわが第三十二軍（球兵団）でも、内地よりの航空攻撃に歩調を合わせ、砲兵第一連

沖縄中西部の嘉手納と読谷飛行場の間に位置する渡具知海岸に物資を揚陸する米軍。沖縄は米軍にとって日本本土攻略の重要な島で戦略基地となった。

隊に飛行場砲撃を命じたのである。九六式一五センチ榴弾砲は早朝からときどき思いだしたように砲撃を加え、嘉手納で海兵航空員一名戦死、三名が傷を負った。機材にもかなりの被害がでた。

この傷にもかかわらず、彼らは数機ずつの防空戦闘機を上げて朝のパトロールを開始した。

そうとは知らず、第五航空艦隊司令部では、沖縄の船団攻撃のため四月十六日の午前六時から七時の間に各種特攻機約四〇機を発進させた。第五桜花神雷部隊も六機の一式陸上攻撃機を離陸させたが、その発進時刻は午前六時五十分から七時十分の間であった。

この日の作戦も六機の母機は一度に墜とされないようわざと編隊を組まず、ばらばらの単独飛行を行なった。そしてやはり波状出撃をこころみた宇佐練習航空隊（第十航空艦隊よりの応援兵力）の九九式艦上爆撃機とコンビを組んで南下する。

「日本機北方より接近中」

哨戒中の米駆逐艦は、やがてレーダーで特攻機の影を捕らえた。

午前九時、このニュースは嘉手納から離陸した海兵隊第三十三航空隊の戦闘第三一二中隊にリレーされる。

六機のコルセアは、おっとり刀でかけつけ、一式陸上攻撃機と九九式艦上爆撃機各一機をたちまち撃墜した。彼らは日本機の上方から急降下しつつ機銃掃射を浴びせたらしく、母機の腹の下に抱かれたマル・ダイにはまったく気づいていない。

三〇分ののち、同じく海兵隊の戦闘第三二三中隊も沖縄中西部残波岬の西方六キロで、一群の日本機に飛びかかった。この中隊は、昨日もわが第六〇一航空隊の特攻零戦六機を続けざまに墜とし、大いに士気を高揚させた直後である。

タイム・ライフ誌特派員ロバート・シャーロッドが『海兵隊航空戦史』に、「四月十六日のジャップ撃墜は赤ン坊の手をねじるように容易だった」と書いている。

「特攻機は機銃弾をよける待避運動さえも満足にできず、ただ真っすぐに飛ぶだけだった」と述べているところから、ガソリン不足のため、練習も少なく、戦線に投入された第一四期飛行予備学生の搭乗機らしい。

まず敵機に撃墜されたのは、第十航空艦隊の九七式艦上攻撃機である。もうこのころは飛行機がないので一式陸攻より四年も古い、こんな型まで使われていた。

続いて別の海兵隊機が一式陸攻に襲いかかると、それは卵を生むように桜花を放出した。

初めて見る発射の光景に彼らは唖然としていた。まるで手品師がチョッキの下から鳩をつまみ出すような格好だった。

六機の母機のうち一機だけが基地へ、「桜花、発進す」を打電しているから、この一式陸攻が発した無線かも知れない。

続いて、沖縄にある米海兵隊第三十一航空隊のレーダーは、一五〇キロの距離に日本機の影を捕らえ、海兵隊の防空戦闘機に連絡した。F4Uコルセアはただちに発進、沖縄から約一一〇キロの洋上に待ち伏せする。また、第三十一航空隊に属する戦闘第四四一中隊も、無電により本島北方にある伊是名《いぜな》島の西方二〇キロに急行した。

やがて、二五機の各種特攻機が隊列を乱してやってきた。それぞれ高度がまちまちで、海面すれすれに飛んでいる零戦もあった。しかしいちばん高いものでも一八〇〇メートルをこえるものはない。

一二機の海兵隊F4U戦闘機は、一斉に飛びかかった。九九式艦上爆撃機も一式陸攻もばたばたとやられ、合計一七機が、またたく間に撃墜された。桜花の投下高度は四〇〇〇メートル以上と規定されていた。したがってこの母機が低い高度で飛んでいたのは、まだ目標を発見していなかったからに違いない。このとき特攻機もF4U戦闘機二機を撃墜した。

四月十六日の第三次菊水作戦で六機の一式陸攻が出撃したが、隊長機だけは桜花を発射せずに帰ってきた。母機からマル・ダイを吊るしたカギ・ホックが外れなかったらしい。こんな故障が頻発した。また別の母機一機は桜花を発射後、無事基地に帰投している。

桜花操縦士で戦死したのは、一三期の宮下良平中尉以下五名。長野県出身の宮下中尉は秋田鉱業専門学校の学徒兵だった。十九歳の折出政次一等飛行兵曹は村一番の健康優良児。呉工業学校を卒業後、甲種飛行予科練習生として土浦航空隊に入った。けっきょく第五神雷特攻の母機隊員は四機、計二八名が戦死した。生還した二機に士官が乗っていたため、戦死者二八名の中には士官はなく、水兵九名、残る一九名が下士官だった。

第七二一航空隊と同行した別の特攻隊は、戦車揚陸艦（LST）やタンカー（給油艦）に体当たりしているが、日本海軍の期待を一身に集めた桜花は、空しく海上に落下してしまったのである。戦史叢書『沖縄方面海軍作戦』によると、桜花により「敵戦艦撃沈確実」とあるが、その裏づけとなる米国側資料は見あたらない。

米軍は沖縄の防空に三本立ての態勢を布いていた。それは陸上基地の海兵隊戦闘機と、船団護衛の護送空母機で陸上戦の支援にも参加する。それに加えて第五十八機動部隊の空母機が自衛のほか、沖縄上空への助っ人も買って出ることになっていた。したがって日本軍が新飛行場を制圧し、その間に特攻機を送っても、敵空母を放置しておく限り特攻機はばたばたと墜とされてしまう。やはりいかなる犠牲を払っても機動部隊を倒さねばならない。

十六日の未明、喜界ヶ島の南々東一六〇キロに敵空母のあるのを彩雲が発見した。そこで菊水三号作戦とは別に、宇垣中将は身軽な零戦特攻隊を敵空母に送った。発進時刻は桜花より四〇分近くもおくれた午前七時四十八分から九時四十分までの間である。

第七建武隊一二機が主力で、そのほか第三昭和隊および第四・七生隊（ともに第十航空艦隊の谷田部航空隊と元山航空隊で編成したもの）計一六機が加わった。

これら練習航空隊のヒナ鳥は、同じ零戦特攻機でも建武隊の半分の重さしかない九七式二五〇キロ通常爆弾一発を抱えて飛んだのである。爆装戦闘機の発進開始より四〇分前、宇垣中将は制空隊計五〇機を南下させて敵空母機を釣り上げ、特攻機の侵入を容易にする作戦にでた。第七建武隊のその後については、残念ながら詳細は不明である。

第六〇一航空隊司令杉山利一大佐の手記によると、前路警戒に飛んだ制空隊の一部は喜界ヶ島と奄美大島の間で、敵戦闘機と遭遇したようだ。「我方の零戦四二機、紫電一一機が、グラマンF6F一二機、シコルスキーF4U六機と空中戦を交え、両軍とも四機ずつを失った」とある。

参加機数は、めずらしく日本側の方が二倍余も多い。これによっても当時の日本パイロットの腕の劣弱さがうかがえよう。おそらくおくれて飛来した零戦特攻隊も、別のグループの米空母機に捕捉され、大きな損害をだしたらしい。

第七建武隊一二機のうち、九機が帰らなかった。生還した三機のなかに指揮官機があったらしく、戦死した九名全部が下士官である。その先任は上等飛行兵曹の森茂士だった。他部隊の零戦特攻では一六機のうち帰投したものは五機である。

ところがこれら特攻機が沖縄に攻撃を加えた約一時間後、南九州のわが航空基地は敵空母機約一〇〇機の大空襲を受けた。午前十時三十分から十一時三十分の約一時間にわたる波状攻撃である。連日、頭痛のタネとなっている特攻機の〝ねぐら〟をたたこうという米空母の逆襲だ。

たまたま第十航空艦隊の谷田部航空隊でも、特攻第二昭和隊（零戦）を発進させる予定だった。この部隊は出発がおくれ、鹿屋を離陸しようとしたところを空母機の奇襲にあったのだ。『キング元帥報告書』によると、「四月十六日、九州に対して戦闘機の掃蕩を実施した。そして空中で一七機を撃墜、さらに地上で五四機を破壊した」とある。

目の前で部下がやられるのを見て、宇垣中将はいやが上にも闘志を燃やした。朝の特攻機は、基地奇襲の敵空母機と空中ですれ違ったわけだ。いまおくればせながら、もう一回特攻機を発進させれば、敵機が母艦に着き、ほっと一息ついたころ奇襲を加えることになる。そこで午後十二時三分、第八建武隊一二機が発進した。他の四つの特攻隊からも爆装零戦二六機が十二時から一時二十分の間に飛び立っている。

岡村司令は六時間前に桜花隊を、その一時間後には第七建武隊を、そしていままた第八建武隊のかどでを見送ったのだ。第七二一航空隊が、同じ日に三回も特攻隊を送ったわけだが、これは特攻史上唯一のケースとなった。

この日、快晴で二メートルの南風が頬をなで、視界も良好。絶好の飛行日よりだ。特攻機はいくつものグループに分かれ、紺碧の大空に消えていった。

第五十八機動部隊では、昨夜から四回も空襲警報が発令されたり、解除されたりしていた。水兵たちは、「三時間しか眠ってないのに」と不平をコボしている。

午後一時二十分、彼方の空に〝殺気〟が感じられた。第四空母部隊旗艦の空母ヨークタウンでは、戦闘情報室から放送が流れる。

「敵機らしきもの接近の様子なし」

味方か？　艦橋にはほっと安堵の空気がただよう。

ところがその瞬間、数隻の艦艇があわただしく射撃を開始した。見れば、特攻機が輪型陣の外側に落ち、別の一機は第四空母部隊の新戦艦ミズーリを狙っているではないか。それは戦艦の艦尾やや後方に落ち、茶色の水柱は、前マストよりも高く立ち上った。

三番目のカミカゼは駆逐艦マクダーマットの舷側に落ち、煙突から白煙を吐き出させた。零戦の五機はうまく第四空母部隊の空母イントレピットを狙った。三機が墜とされたが、午後一時三十六分、一機が至近距離に突入、別の一機は後部の第三エレベーター付近の飛行甲板に突入した。バリソンの『ニューポート・ニューズ・シップス』によると、「大火災が発生して戦死一〇名、負傷八七名が数えられ、搭載機四〇機が格納庫内で炎上した」とある。

「こいつは鼻を突きだすたびに、パンチを喰う」

イレズミを入れた第三艦隊司令長官ハルゼイ大将がかつてつぶやいたように、イントレピットは、これまでに四回も日本機に損傷を受けており、今日で五度目の受難であった。同艦はまたしても戦列を離れ、修理のため後送された。

しかし、イントレピット爆破の功績が、かならずしも第七二一航空隊（神雷）の零戦によるものか否かは明らかでない。杉山利一大佐の手記では、これを零戦より二時間三〇分余も前に発進した第七〇一航空隊の彗星艦上爆撃機の戦果と見ている。

南九州から喜界ヶ島までは、沖縄までの行程の三分の二である。爆装したため巡航速度の大きく落ちた零戦でも、一時間三〇分で行ける計算だ。まして四月十六日は追風だった。

第八建武隊の一機とおぼしきものが、「我レ敵空母ニ突入セントス」とかんたんな無電をよこしたのが午後一時五十六分だから、もしこれが神雷戦闘機と見れば一時間五三分で敵空母を捕らえたことになる。あながち岡村大佐の部下ではないともいいきれまい。

さてこの乱戦のさなかに、駆逐艦マクダーマットに砲弾が命中した。特攻機を狙った戦艦ミズーリの一二・七センチ高角砲弾が落下してきたもので、死者五名、負傷者三一名をだし、大騒ぎとなった。

戦史室編『沖縄方面海軍作戦』の表によると、第八建武隊一二機のうち、五機が帰還しなかった旨の記載がある。しかし同隊の戦死者名簿には六名の氏名が記されている点、首をかしげざるを得ない。

第八建武隊犠牲者の先任は牛久保博一中尉だった。埼玉県出身の彼は、東京歯科専門学校出の第一三期飛行予備学生である。昭和十八年十月、三重航空隊に入隊し軍隊生活一年半にも満たない身で特攻隊として散っていった。

佐藤善之助二等飛行兵曹は、霊峰富士を仰ぎつつ静岡県東部で育った。彼は子供のとき相撲が強く、何回も県の大会に出場したと伝えられる。昭和十八年四月、甲種予科練一二期生として軍隊に足を踏み入れた彼は、山口県岩国航空隊で飛ぶことを教わり、博多航空隊に移ったのち、艦上攻撃機の偵察員として教育を受けた。零戦特攻隊員としてはめずらしい経歴だ。十九年三月に卒業後、四国の観音寺航空隊をへて神雷部隊に配属されたのである。

この二日間に、神雷零戦隊は第六建武、第七建武、第八建武隊の三隊を出撃させた。すでに沖縄戦は、どうにも手のつけられない状態になり、いくら特攻隊を送っても意外に効果が上がらなかった。さすがに強気の第五航空艦隊司令長官宇垣中将も首をかしげた。一時、勢いを盛り返した桜花隊もまた体力を消耗しきってしまい、部隊の再建にあたらざるを得なくなったのである。

第四章　第二次桜花隊

後に続く龍巻部隊

桜花は新兵器としてまったく期待はずれであった。犠牲ばかりいたずらに多くでて、一向に戦果がともなわないのだ。しかし海軍部内では、すでにマル・ダイの大規模な生産に着手していた。ひとたび製造のレールが敷かれた以上、いまさら止められる性質のものでもなかった。

横須賀の第一技術廠（空技廠を二十年二月に改名）は、終戦までに約一五五機を作り、練習用のK一型も四五機生産した。また、神ノ池に近い霞ヶ浦には、第一航空廠があったが、藤原技術大尉がここで工員を動員し、六〇〇機もの桜花を製作したという。この第一航空廠は昭和十年に作られた飛行機修理工場を格上げしたもので、戦前に九六式陸上攻撃機を作った実績があった。

桜花を作ったのは、海軍の施設だけではなかった。練習機や水上爆撃機瑞雲のメーカーでもある日本飛行機は、昭和十年、エンジン抜きの機体専門工場として発足した中企業的会社であるが、当時、横浜、大船、磐城などに工場を持っており、桜花の主翼や尾翼の生産にあたった。

また、九三式中間練習機やロケット戦闘機秋水を作った富士飛行機も協力している。大船や横浜に工場を持つこの会社も、神奈川県追浜の空技廠にほど近く、部品の運搬に好都合だったのだろう。

さらに神奈川県茅ヶ崎製作所も、桜花を作るのに手を貸した。実はマル・ダイの木製主翼の設計には、この会社の石橋実技師が最初から協力していたのである。当時三十六歳の石橋技師は、昭和八年に東大船舶工業科を卒業しているから、桜花の基本設計者山名正夫技術中佐や早川仁技術少佐より、六年も東大の先輩だったわけだ。

このように桜花の生産に協力した民間会社は、飛行機メーカーとしては二流どころだった。また東北・北陸地方の町工場も、部品の生産にかり出された。

さてマル・ダイの翼は、いずれも簡易化のため木製としたが、空技廠では主翼を薄い鋼板にしてみたらと考えた。航空機機体の素材であるジュラルミン（アルミニウム合金）が、すでに不足していたからである。ブリキ張りというアイデアは、陸軍特攻機剣と一脈相通ずるものがあった。

そこで陸軍の飛行機メーカーのしにせ中島飛行機製作所に鋼製桜花の試作が依頼された。群馬県にある中島の小泉製作所は、艦上攻撃機天山の生産に追われていたが、海軍の要望に協力した。しかし、けっきょくブリキ張り桜花は実用にならなかった。

こうして軍、民間の協力により、桜花はつぎつぎと大量生産の波に乗った。ふつう、新兵器の製作には、必ずといってよいほど、なんらかの障害が生ずるものだが、マル・ダイの場合、きわめてスムーズにマス・プロが行なわれた。これは軍需省勤務の松浦陽恵技術中佐が関係方面を説得して回り、各部門の連絡を密にしたためであるという。不気味な銀色に塗られた数百機の桜花が、少しずつ各基地に送られる。いまや駿馬は集まった。あとは乗り手を待つばかりである。

上層部では、鹿屋のほか、国内の各地にマル・ダイを分散、配備しようとした。

まず関東の南東に、しばしば敵空母が現われるため、神奈川県厚木にも桜花を待機させた。戦史叢書『沖縄方面海軍作戦』の付表によると、原計画では昭和二十年二月に五四機（二個分隊）、三月に二七機（一個分隊）を配置する予定だったが、実際には、終戦時、厚木に数機があったにすぎなかった。また、伊豆の八丈島には硫黄島方面よりの来襲に備え、特攻艇震洋（体当たりモーター・ボート）の一隊があったが、三月には、桜花二七機が送られる予定だった。

その他、米軍の中国大陸上陸に備えて、上海に五四機、海南島の三亜に二七機を、また南西諸島の宮古島、石垣島に各一八機を配備する計画があったが、いずれも海上輸送の困難から実現していない。

さて話はややさかのぼるが、二月の初め、航空本部の教育部長渡辺薫雄大佐に転任命令が下っていた。

「近く第七二二航空隊を編成する。貴君はその司令となる予定」

渡辺大佐は岡村大佐と兵学校の同期（第五〇期、大正十一年卒業）だった。

彼と同期生だった永石正孝大佐の言によると、渡辺大佐はやせ型でハンサムなタイプであり、水上偵察機の専攻だったという。彼は、戦争初期には第十一航空戦隊の参謀を勤め、水上機母艦「千歳」に座乗、同じく水上機母艦「神川丸」を連れてジャワやラバウルで活躍したものだった。

さて新しい任務は、渡辺大佐を驚かすのに十分だった。要するに、第七二二航空隊も桜花隊で、岡村司令の第七二一航空隊の後続部隊なのである。場所はやはり神ノ池。横須賀鎮守府の所管する陸上攻撃機という点まで同じであった。ただ所属が東日本を防衛範囲とする第三航空艦隊（寺岡謹平中将）であることが違っていた。

先輩たちが九州で戦っている間に、第七二二航空隊も訓練を重ね、やがては第一線に駆けつけようというのである。

永石正孝大佐の『海軍航空隊年誌』によると、第七二二航空隊の開隊時期は二十年二月十五日とある。これは野中部隊の全滅より一ヵ月半も前のことだから、その威力を盲信し、みな張り切っていた。

九州へ赴いた神雷部隊に対し、第二次桜花隊たる第七二二航空隊は龍巻部隊と呼称された。たまたま第七二一航空隊の桜花第一分隊は、残留部隊として神ノ池に残っている。これ幸いとばかり、人事部は彼らを二月十五日付で新編の第七二二航空隊に転属させた。

兵学校七〇期（昭和十六年卒業）の平野晃大尉に率いられるこの四〇名は、後輩にマル・ダイの操縦法を教える最適の人材なのだ。かつて桜花のテスト・パイロットをやった長野一敏兵曹長も転属になった。

つぎつぎと送り込まれてくる新しい桜花パイロットは、第一四期飛行予備学生と、これよりもっと若い予科練出身者が多かった。第一四期とは、一三期より三ヵ月おくれて昭和十八年十二月、大学の学窓から軍隊に入った者だが、このクラスは志願ではなく、強制的な徴兵であった点、大いに趣を異にしていた。

彼らは茨城県土浦航空隊で約四ヵ月の基礎訓練を受けた上、各地の練習航空隊に移り、十九年暮れに少尉になったばかりだった。当然のことながら、桜花パイロットは戦闘機課程を専攻した者が多かったけれど、艦上攻撃機や艦上爆撃機のコースを修めた若人もかなりの数に上った。

彼らはたいてい、カーキ色の軍用トラックで海岸に近い基地に運ばれてくる。そして「龍巻部隊」と大きく墨で書かれた門標に、ギクリとするのだ。彼らは、やがて零戦の操縦に関して講義を受ける。桜花の操縦は戦闘機の取り扱いと一脈相通ずるものがあったからだ。

二十年二月、神ノ池に桜花二七機が配備される計画だったが、三月にはその数が二倍の五四機に増加した。おそらく新編成の第七二二航空隊を強化するためであったろう。しかし、実際に計八一機が送られたか否かは疑わしい。

神雷部隊と同様に、この部隊も母機を守る戦闘機を持っていた。第七二二航空隊に配属された零式戦闘機は、戦闘第三一〇飛行隊と称する約四〇機である。この部隊は二年前、第二五三航空隊の一部としてラバウルやトラック島方面で活躍した歴史を誇っていた。もちろん、隊員は入れ変わって、技量も大幅に下がってはいたが……。そしてこの戦闘部隊も神雷部隊と同様、のちには爆装し、特攻隊として体当たりに使われることになる。

第七二二航空隊の桜花隊でも、第七二一航空隊が行なった訓練方法を踏襲した。小田野正之少尉が『学徒特攻隊』に発表した手記によると、一式陸攻で高度四〇〇〇メートルまで上げてもらい、練習用桜花で滑空訓練を行なったという。

なお富士山の高さが約三八〇〇メートルであることを思えば、桜花の滑空訓練の四〇〇〇メートルが推測できよう。

体当たりしそこなって海中に落下した先輩の例を考え、彼らは一度狙った目標には、必ず到達できるよう懸命になった。しかし、当時はガソリンが不足し、母機用の燃料にもこと欠く有様だった。とくに桜花を抱いた母機が上昇するとき、火星二五型と称する一八〇〇馬力のエンジンは、驚くなかれ一時間九〇〇リットル近くの燃料を喰ってしまうのである。

もう一つの障害は空襲だった。去る二月十六日、敵空母機の攻撃で神ノ池の一式陸攻が炎上したことを述べたが、この付近には、陸海軍の飛行場が無数に散在したため、やがてB29やP51戦闘機など米陸軍機の空襲さえ蒙るようになったのである。それでも、「第七二一航空隊に続け！」を合言葉に、第七二二航空隊も訓練に拍車をかけた。

そして沖縄戦における先輩の「誇張された戦果」は、後に続く者たちを奮起させずにはおかなかったのである。

悲運の桜花二二型

空技廠では、自ら作った桜花に決して満足していたわけではなかった。否、むしろその欠点を身にしみて感じていたのである。なにしろマル・ダイのロケットは、わずか九秒で燃え尽きてしまう。大げさな表現をすれば、桜花は敵艦の頭上で投下しなければならないのだ。したがって遠くから攻撃できるようにこの「短刀」を「長い槍」とする――航続距離を延長することが必須の命題であった。桜花が生産され、第七二一航空隊が訓練を開始したころ、技術陣は早くもこの改良型と取り組んでいた。

従来のものを一一型（一号一型の意）と称し、改良型を二二型という。

二二型の設計も山名正夫技術中佐を主任とし、三木忠直および服部六郎の両技術少佐が担当した。これはわずか一ヵ月で設計を終わるスピード振りで、図面の完成は二十年二月、第七二一航空隊が一一型を抱いて九州へ進出したときである。

二二型は、ツ一一型というジェット・エンジンをもつのが特徴だ。これは二九〇リットルの燃料（零戦の約六割）を搭載、約一五分間の飛行が可能だった。初風ロケットともいうツ一一型は、桜花を七〇～一一〇キロの彼方まで飛ばすことができる。したがって三五〇〇メートルの高度で投下すると一一型の三倍も遠くまでとどくのだ。こうすれば母機も敵戦闘機に捕まる前に桜花を発射できる可能性も高い。

そしてこれを吊り下げる母機もまた、一式陸上攻撃機を廃してスマートな双発高速陸上爆撃機銀河に変わった。銀河は、一式陸攻の八割の自重をもつ新鋭機で、スピードも二割くらい早い。そのうえ双発機に似合わぬ身軽さが持ち味なのだ。

銀河と桜花二二型のコンビは大いに期待された。ましてや三月、野中隊の悲報が追浜の空技廠に伝わると、試作には一層の拍車がかけられた。

試作一号機ができあがったのは四月のことであった。なるべく一一型と共通の部品を使用

したのだが、鼻の部分が延長され、全長で約八〇センチ長くなり、反対に左右に張りだした主翼は九〇センチも短い。それは一式陸攻よりも小さい銀河の車輪の幅に制約されたためであるが、翼面積が三割四分も減少したことは、操縦のむずかしさ——不安定な飛行——をも意味したのである。

さらに困ったのは、ジェット・エンジンのため目方が二割も増した点だ。技術陣は仕方なく、爆薬重量を一一型の半分——六〇〇キロ——に減少させた。彗星など艦上爆撃機の搭載量が五〇〇キロ爆弾一発である

愛知航空機で作られた桜花二二型。航続距離の延長を目的に開発された機体で、ジェット・エンジンを搭載しているので空気取入口が張り出している。

ことを考えると、いかにも少ないが、安全な飛行の前にはやむを得なかったのだ。当たり所さえよければ、二五〇キロ爆弾の零戦特攻機でさえ、フィリピンで米護送空母を撃沈している。

製作上の難点は、いわずと知れたエンジンである。

日本海軍はすでにネ二〇型やネ一二型と称するロケットを完成していた。空技廠では、はじめこれを使用したかったのだが、銀河に積むという条件を考え

後方から見た桜花二二型。胴体後端から突きだしているのはジェット・ノズルである。桜花の特有の小さな2つの垂直尾翼は母機懸吊用のためである。

ると、重量が大きすぎる。そこで、やむなく初風ロケットを積んだのだ。これは名称こそロケットだが、実質はジェット機関だった。燃料を燃やすのに必要な酸素を、手軽に空気から採るものをジェットというが、ロケットは化学薬品から取るという相違がある。だから二二型の胴体後部、左右には空気取入口が不気味にポッカリと口を開けていた。

推力二〇〇キロの初風は、生産が思うようにはかどらなかった。したがって完成は予定より大幅におくれてしまったのである。

それでも、どうやら昭和二十年五月、桜花二二型の実験機は神ノ池の第七二二航空隊へ送られた。テストの結果、意外なことが判明した。初風ロケットは、ひとたび空中に舞い上がってしまってからでは、起動させることができないのである。上空では気圧と酸素が不足するからであろう。

したがって、二二型は地上で銀河の腹の下に抱かれたまま、エンジンを暖めておくことにした。

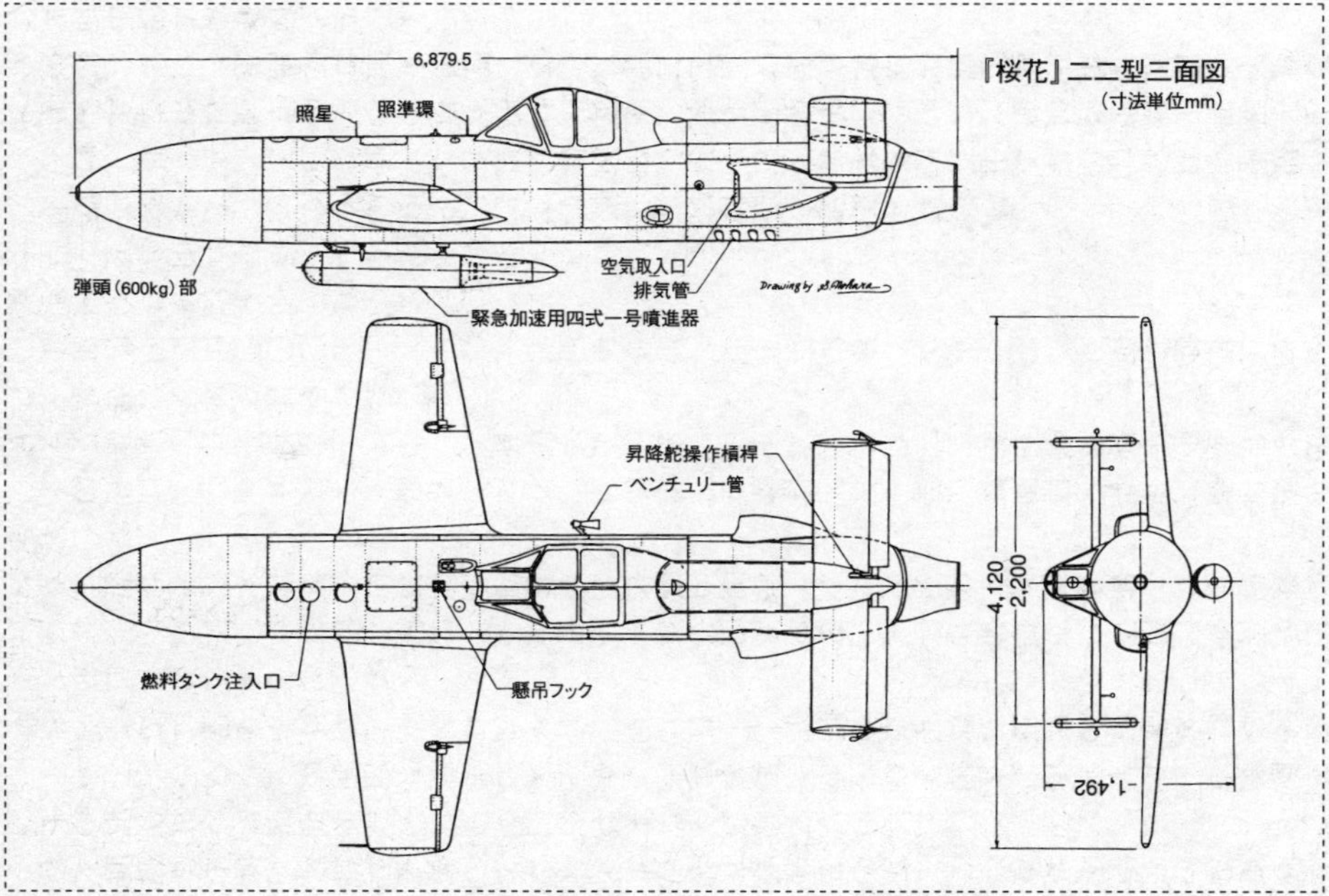
『桜花』二二型三面図
(寸法単位mm)
6,879.5
照星
照準環
空気取入口
排気管
弾頭(600kg)部
緊急加速用四式一号噴進器
昇降舵操作槓桿
ベンチュリー管
燃料タンク注入口
懸吊フック
4,120
2,200
1,492

そして離脱までは、燃料を母機のタンクから補充し続けるのだ。この気むずかしい初風ロケットの取り扱いは面倒で、ハレモノに触わるような感じだった。

しかし、いろいろの問題も解決のメドがついたので、いよいよ神ノ池で有人投下の実験を行なうまでに漕ぎつけた。実験日は六月二十六日——九州の桜花隊が最後の出撃を行なってから四日目のことであった。

テスト・パイロットは、例によって長野一敏少尉である。彼は兵曹長から少尉に昇進していた。設計者三木忠直技術少佐をはじめ空技廠の関係者がつめかける。軍令部からも視察にきた。

その日は久しぶりによく晴れていた。新鋭艦上爆撃機流星一機が観測機となり、空技廠からきた銀河の後方斜め下について見張っている。地上でも第七二二航空隊隊員が小手をかざし、青空の一角に目をやった。

銀河は高度四〇〇〇メートルで、北西から神ノ池上空にさしかかった。基地では皆、首の骨が痛くなるほど顔を真上に向けて見守った。

「投下五分前」

電話があってしばらくののち、二二型桜花は母機から離脱した。

一瞬、誰もが、アッと叫んだ。桜花は突如、気が狂ったように空中で暴れはじめ、尾部からものすごい白煙を吐きつつ横転蛇行、滅茶苦茶な運動をはじめた。銀河は頭部下面を大きく破壊したが、奇蹟的に無事着陸した。桜花二二型はきり揉み状態で飛行場に墜落、大爆発して地中深くめり込んでしまった。

長野少尉は墜落する機体から飛び降りたが、パラシュートが開かない。手足をばたばたさせ、必死に傘を開こうとしている有様が、手にとるようにみえた。誰もがあまりのいたましさに顔をそむけずにはいられなかった。それは八カ月前の分隊長刈谷勉大尉の事故を思わせるものがあった。

長野少尉は病院に収容され、その夜、息をひきとった。

事故の原因が、さっそく調査された。遠くまで飛べるかわりに二二型は一一型の半分くらいのスピードしかでない。そのため、敵戦闘機に追われたときの用意として、ジェット機関のほか、一一型と同じ四式一号火薬ロケット一本（一一型は三本）も装備していた。このロケットが突如、発火してしまったのである。そのショックで桜花は、母機にぶつかり風防ガラスの後部を破壊し、操縦不能に陥ったのだ。

なぜロケットが発火してしまったのだろう。空技廠側では、長野少尉が誤って点火スイッチを押したのだろう、その証拠に機体残骸のキイは安全解除となっていたと述べた。だが長野少尉は、死の直前、平野晃大尉に「操縦桿の先についている安全装置へは指一本も触れなかった」とつぶやいている。

長野少尉にかわり、第七二一航空隊から移った分隊長平野晃大尉がテスト・パイロットを兼ねるようになった。事故の原因となった増速用補助ロケットは桜花二二型から取りはずされ、ジェット機関を持つだけとなる。

桜花二二型を、空技廠は約五〇機製作した。五〇機という数は、桜花一一型七五〇機の一五分の一にすぎない。ジェット・エンジンの不調もさることながら、やはり生産のスタートがおくれたからであろう。

やがて、九州における先輩、神雷部隊（第七二一航空隊）の戦果がはかばかしくないと判明するや、弟分の龍巻部隊（第七二二航空隊）は、正式に桜花二二型に改編することとなった。しかし練習機にはオレンジ・イエローの一一型用のK一型グライダーを用いた。訓練は講義が多く、実際の有人滑空投下は、なぜか、さほど頻繁ではなかった。実験の結果が思わしくないことを、目のあたりにした隊員は、毎日を不安顔で送った。

名古屋の時計メーカーから発展した愛知航空機は、艦上爆撃機の製作会社として知られている。同社は、B29の爆撃でかなりの被害をだしたが、岐阜に疎開させた分工場で桜花二二型の大量生産準備に入った。

この間、親元の空技廠ではすでに生産を開始、軍需部では二十年六月に二二型五五機を生産、銀河も桜花を吊り下げ得るよう五〇機を改造に着手する予定だった。以降七月から十一月まで二二型の生産および銀河の改造を毎月各五〇機ずつ行なう予定だったが、共に計画倒れに終わっている。桜花二二型のうち、終戦までに完成したものは五〇機、すなわち一ヵ月分にすぎなかった。

そのころ、空母一五隻を中心とする米機動部隊は、日本本土の南南東から本土にしのび足で接近中であった。一ヵ月前、沖縄の台風に出会って二五隻もの損傷艦を出した彼らも、いまやその痛手から立ちなおっている。

三グループに分かれた米機動部隊は七月十日、東京の東南東二八〇キロから空母機を発進させ、関東地区の飛行場や航空機工場を爆撃してきた。空母ヨークタウン（二世）の第八十八航空隊に属するグラマンF6F戦闘機は当日、神ノ池を襲っている。

この部隊は、初めて実戦に加わったためすっかり昂奮してしまっていたが、日本戦闘機がまったく反撃してこないのを知り、落ち着きをとりもどした。よく見ると、日本機は巧みに林や建物でカムフラージュされ、機体の一部は飛行場から三キロも離れたところにかくされている。ヘルキャット戦闘隊は、合計一三・二トンにも及ぶ陸用爆弾を投下し、第七二二航空隊と新編第七二四航空隊（特殊攻撃機橘花）の練習機二〇機を破壊した。しかしこのなかには、木製の囮機をも含んでいる。

陸用爆弾は軍艦の厚い鉄を破る爆弾とは異なり、細かい破片となって一面に飛び散るので、人員殺傷やら地上の航空機破壊にはもってこいの爆弾である。米軍機は急降下しつつロケット弾を射ち込み、若い龍巻隊員を驚かした。建物も機関銃で掃射され、隊員の部屋も穴だらけになった。だが神ノ池におけるわが対空砲火も著しく、敵も一個中隊の数機が損傷した。

八日後の七月十八日、神ノ池の北方にある茨城県日立市や水戸市が艦砲射撃を受けた。基地から水戸までわずか五〇キロの距離しかない。飛行機で一〇分足らずのところである。

戦艦ノースカロライナとアラバマが真夜中、一二三八発もの四〇センチ砲弾をぶち込んだのみならず、小癪にもイギリス戦艦キング・ジョージ五世までが砲撃に加わっていた。

そのため、第七二二航空隊では、基地から三キロ離れた谷間に後退、兵力を分散させることとなった。飛行訓練を中止した隊員は、設営作業のため連日、カーキ色のトラックで工事現場に出かけなければならなかった。

七月の太陽はじりじりと照りつけ、半裸体となった隊員の背中には、玉のような汗が流れる。彼らの土木工事は、山のふもとにいかなる爆弾にも耐え得るトンネルを作ることだった。

せっかくの飛行士も、あたら設営隊員として酷使されたのである。

こうして桜花二二型と第七二二航空隊は、ついに第一線に出る機会なく、八月十五日の終戦を迎えたのだ。

横須賀の空技廠で生産された約五〇機の桜花二二型は、厚木航空隊に移された。神奈川県の厚木には、防空用戦闘機の第三一二航空隊があったのだが、米軍上陸の場合、銀河がここで二二型を装備する計画だったのかもしれない。

(注、桜花二二型は終戦後、ここから二機が米国に持ち去られ、一機は現在ワシントン市の郊外にあるスミソニアン航空博物館に展示されているという。スミソニアン協会は、その昔、ライト兄弟が世話になったほど、古い歴史を誇る技術研究の機関である)

第六桜花隊と第九建武隊

かえりみれば、三月十六日以降、海上の敵機動部隊に対して特攻機だけでも四三六機、沖縄本島に対して二二七機を投入していた。ところが、敵は一向にまいった様子を見せない。大本営ではあまりの消耗に驚き、臨時に宇垣長官の指揮下に入れていた第十航空艦隊の兵力を四月十七日に引き上げると通告してきた。

しかし、第五十八機動部隊司令官レイモンド・スプルーアンス大将も、ハワイの太平洋艦隊司令長官ニミッツ元帥も、ちょうどこの日、あまりの特攻攻撃のはげしさに悲鳴を上げ、沖縄戦遂行に疑問を抱いたのである。

兵力をけずられ憤満やる方ない宇垣纏中将は、以降、作戦についても活発な発言をしなくなった。このためアメリカ側はようやく、一息つくことができたのである。

すでにニミッツ元帥よりの依頼で、マリアナ諸島の米陸軍Ｂ29爆撃機は九州の特攻基地爆撃を開始していた。

四月十七日には第二十一爆撃集団のＢ29が一三四機も鹿屋上空に現われ、二十二日も早朝から約一時間三〇分の間、三十数機の重爆撃機が各種の爆弾を投下していった。投下した爆弾は厚い鉄を破る通常爆弾や、細かい破片となる陸用爆弾のほか、三六時間の時限信管をつけた二五〇キロ爆弾さえある。これはいつ爆発するか分からないのだから、鹿屋基地は一時的に半身不随と化してしまった。

皮肉なことに、この二十二日の午後一時三十四分、偵察機が奄美大島の一五〇キロに、二つの敵艦隊を発見した。すかさず、南九州国分基地から第二五二航空隊の彗星一五機、爆装零戦二〇機が発進した。ところが、いくらたっても、かんじんの神雷爆装零戦隊と桜花隊とは姿を見せない。鹿屋の第九建武隊と第六桜花隊は、出撃準備さえ、整えていなかったのである。

鹿屋基地では朝の空襲のため、電話線が切断され、その他の通信手段のいずれもが不調だった。それでも、やっと出撃命令が伝えられたが、滑走路には、まだ小さな赤旗が数多く立っている。Ｂ29の投下した時限爆弾の位置を示すマークだ。整備員が盛んに地中の爆弾を掘り出しているが、なにしろ数が多い。それに、わずかのショックで爆発する可能性もある。

「今日は中止だっ」

宇垣中将は苦々しく叫んだ。

慎重にかまえた彼の決断は正しかったかもしれない。五日ののち、宮崎基地では、夜間雷撃機（第七六一航空隊）が発進準備を整えたとき、意外や数時間前投下された時限爆弾が炸裂、人員や機材にかなりの被害をだしている。

六日後の四月二十八日、菊水四号作戦が実施された。艦上爆撃機や艦上攻撃機の特攻隊の突入時間は、いつもより数時間おくれ、午後七時ごろとなった。その後から桜花を抱いた陸攻の四機が一機ずつ数分おきに鹿屋を離陸した。この隊は、二十二日に出撃できなかった第六神雷桜花隊である。

出撃した四機の一式陸攻は、いずれも無事、生還した。三機は悪天候のため、途中で引き返したもので、一機だけが桜花の夜間発射を行なって帰ってきた。したがって第六神雷桜花隊の戦死者は、桜花操縦士山際直彦一等飛行兵曹一人だった。彼は、二回目の出撃だったという。

前回の出撃のときには、雲の切れ目から、盛んに対空射撃をくり返す三連装砲塔の敵艦（巡洋艦か戦艦）に突入しようとしたが、どうしても桜花が母機の腹からはずれない。早くしないと頭上を通りすぎて攻撃のチャンスを失ってしまう。

「落とせ！」

彼は何度も交話用伝声管に向かって叫んだが、金属性のカギは母機から下がったままだった。この種の故障は頻発したらしい。

しかし、四月二十八日夜はうまくいった。

「重巡一隻、撃沈確実」

生還した母機はこう報告し、戦死した山際兵曹は個人感状を授与された。

この間、岡村司令は隊内に新しい特攻隊を編成するのに大童だった。すでに戦闘特攻隊員のほとんどが戦死、桜花パイロットもあと一隊（第七神雷桜花隊）を残すのみとなっていた。たまたま二週間前の四月十三日、神ノ池から零式輸送機で到着した新庄浩大尉の第二次応援部隊（第五桜花分隊）があった。そこで岡村司令は、この後続部隊をも投入、第九建武隊を編成した。しかし、第九建武隊隊員もまた〝魅せられたロケット機マル・ダイ〟に乗ることができず、零戦で突入することになった。けっきょく桜花を運ぶ母機の数が少なかったためである。

彼らの出陣は意外に早くやってきた。四月二十九日の午前六時に飛び立った偵察機彩雲が八時三十分、沖縄北端の東方一二〇キロに二群の敵空母集団を発見した。

ところが、この朝B29約一〇〇機が鹿屋を爆撃していた。そして戦闘機のほとんどがこの防空戦から帰ったばかりである。燃料や機銃弾の補給には、それほど時間がかからないとしても、損傷機の修理にはなお数時間を要する。そのうえ、パイロットの疲労はその極に達していた。

宇垣中将は、やむなく第六航空軍（靖兵団）に電話し、途中まで陸軍戦闘機に特攻隊を守ってもらう手はずを整えた。特攻隊は第十航空艦隊の二一機と第九建武隊の一二機、合計三三機。めずらしく偵察機彩雲一機が戦果確認のため同行した。

午後二時より約五〇分の間に彼らを鹿屋から発進させることになる。攻撃の時間は午後四時五十五分から六時までの間と予定された。

「敬礼。第九建武隊出撃します！」

金沢高等工業出身の指揮官多木稔中尉がりりしく叫んだ。

同じく第一三期飛行予備学生の西口徳次中尉は大阪の人。地元の関西大学をくり上げ卒業したのである。彼と同窓の緒方襄中尉は去る三月二十一日、野中隊のパイロットとしてすでに散っていた。彼は弔い合戦にでかける心境であったろう。

和歌山の中西斉季中尉（慶応大学）は二十七歳。隊員としては年をとっていた方だった。出撃数日前の日記に彼は、「愛する人から結婚の申し込みを受けたが、あまりにも短い生命ゆえ、断はるより外はなし」と書いている。

これら、桜花第五分隊の学徒士官は、鹿屋に到着後たった二週間の生命だった。

第五分隊でいちばん若いのは、十九歳の山本英司二等飛行兵曹である。十八年に甲種予科練第一二期生として土浦に入隊したのち、山本兵曹は名古屋航空隊で艦上爆撃機の課程を修めた。彼は出撃に際して、つぶらな瞳を真っ赤に泣きはらしていたという。涙を流す少年兵の姿は痛々しい。しかし後に機上からふり帰った顔からは涙も消えていた。高瀬丁二等飛行兵曹は北海道の生まれだった。やはり十九歳の彼は、水兵から航空科を志望した丙種飛行兵で、第一二期卒業である。

やがて一二機の零戦は大地を蹴って勇躍、鹿児島湾の南に消えていった。

米第五十八機動部隊はエンタープライズ、フランクリンの二空母が傷を負い、修理のために引き返していたので、一二日前、その第二空母部隊を解散、他の三つの空母部隊に吸収さ

4月9日、米空母から撮影された随伴する戦艦ウイスコンシンと駆逐艦マーツ。両艦は空母の対空支援にあたるもので、特攻機にたいし応戦中である。

せていた。ところが四月二十八日、クラーク少将の第一空母部隊を補給のため、ウルシーに向け帰投させていたので、二十九日には第三および第四の空母部隊がいるだけだった。

すなわち、第十建武隊の出撃した日、敵空母は平常の半分という手薄さだったのである。

特攻機は、ラドフォード少将の第四空母部隊を狙った。去る二月十六日、神ノ池を空襲した空母ヨークタウンに少将旗をかかげるラドフォード少将は、ラングレイ、インデペンデンスの二空母もしたがえて、戦艦ミズーリ、ウイスコンシン、ニュー・ジャージーの三隻を護衛にあて、さらに一二隻もの駆逐艦をその外側へ円型に配置していたのである。

いわゆる輪型陣と呼ばれるもので、円の中心に空母を、円の周囲に駆逐艦を並べる。こうすると空母に向かう特攻機は、いやでも駆逐艦の頭上を通過しなければならないのだ。

午後四時五十七分、突然、零戦一機が駆逐艦ハガードに体当たりしてきた。同艦は空母の西方二〇キロの哨戒位置についていた駆逐艦ウールマンに、ちょうど合流したばかりだった。たちまちハガードは前部機関室および第一、第二ボイラー室に浸水、行動不能に陥った。同艦は戦死者一一名、負傷者四〇名をだした。このハガードは潜水艦殺しの名手だった。一年前、ソロモン水域でイ一七六潜を沈め、二ヵ月前にも、沖縄の東南でロ四一潜を体当たりで撃沈したばかりだった。

大騒ぎをしているうちに、二番目の特攻零戦が至近距離に突っ込んできた。艦長のV・J・ソバール少佐は金切り声を上げる。

「魚雷および爆雷を投げすてろ」

爆発の可能性のあるものは海上へ放棄しようというのだ。

幸いにも海面は静かだったので、駆逐艦ウォーカーがハガードを曳航して沖縄慶良間列島の避泊地へ向かった。

この間、特攻零戦は第四空母部隊に殺到していた。

「我レ敵空母ニ突入セントス」の無電を送ったもの八機。そして「空母以外ノ艦艇ニ突入セントス」と打ってきたものは一一機にも及んだ。

基地にいる上層部は、この無電に喜んだが、正確にいえば、この打電は「敵艦が見えたから、これから体当たりする」というものなのだ。したがって、よほど割り引きして評価しなければ、特攻隊の戦果は希望的観測に終わる場合が多い。

この四月二十九日、敵空母はまったく無傷だった。戦艦に守られた空母の対空砲火があまりにも凄まじく、どうしても接近できなかったのだろう。

ハガードの被爆より三一分後の五時二十八分、僚艦の救助に向かおうとした駆逐艦ヘイゼルウッドは、急降下してくる日本機にあわてて射撃を開始した。ハガードより約二五〇〇メートル北東寄りの位置である。このヘイゼルウッドも一年前、ニューギニアの北東でロ一〇五潜を撃沈した仇敵だった。

さて、この部隊は三機の零戦に狙われた。後方から突撃してきた一機が一二・七センチ砲火を浴びながら、艦尾にある四番砲塔の上をかすめ去り、至近距離の海面に落ちた。さらに二分後、別の零戦が低い雲から飛びだし、真後ろから浅い急降下をはじめた。

「取り舵一杯」

艦長V・P・ドウ中佐は左に避けつつ、四〇ミリ、二〇ミリ機銃で必死に防戦する。満身創痍の零戦は、最後の力をふりしぼって第一煙突の左側に突入、艦橋構造物の基部に体当りした。

大爆発が起こってガソリンが飛び、火災が発生した。レーダーを乗せた前マストは、オノを入れられた木のように根本から倒れる。士官一〇名、下士官と兵三六名、合計四六名が戦死、他に二六名が負傷した。乗組員の四分の一近くが死傷したわけだ。

上部構造物の士官が全滅してしまったので、機関室の予備役の技術中尉が艦の指揮をとった。やがて、第四空母部隊から防空巡洋艦フリント、サン・ディエゴ、駆逐艦マックゴーワン、メルヴィン、コラハンの五隻が救援にきた。他の艦が海上の生存者を救助しているうちに、マックゴーワンとメルヴィンは損傷艦に接近して消火作業にあたった。主だった士官が全員戦死してしまったヘイゼルウッドは仮修理を受けたのち、本国へ本格的修理に帰ったのである。

宇垣中将は、日記にこの日の戦果を「久しぶりに溜飲を下げた」と書いている。しかし、これほど第五航空艦隊を狂喜させた戦果も実際は駆逐艦二隻だけだった。

米第五十八機動部隊は、この戦闘で対空砲火および自己の戦闘機により二五機の特攻機を撃墜したと述べているが、出撃した特攻零戦三三機のうち、六機は不時着または帰投したらしく、残り二七機が未帰還となっている。そのうち、第九建武隊の一二機については一〇機が遂に帰らなかった。

一時は明るい希望がもてた沖縄防衛戦も、ここで中だるみとなり、前途に暗い影がさしてきたのである。

菊水五号作戦

沖縄の第三十二軍は、いよいよ五月四日を期して反撃作戦に出ることとなった。

「それ見たことか。どうせ総攻撃をやるなら、まだ兵力のあるうちにやればよかったのに、いまごろになってはもうおそい」

大本営では、いままで戦いを避けて退却をくり返していた第三十二軍に対して、批判的だった。

今回の総攻撃では、関東軍から引き抜かれた精鋭、重装備の第二十四師団（雨宮巽中将）が北方へ突入するという。北海道出身者よりなるこの師団は、いままで兵力を温存した無傷の部隊だった。いやそればかりではない。船舶工兵（暁兵団）は敵の背後へ舟艇による逆上陸を敢行する。

そのため内地よりの航空兵力も、これに協力することとなった。まず前夜から、陸軍重爆と海軍の攻撃機とが敵飛行場を爆撃しておく。そして第二〇三航空隊および源田実大佐の第三四三航空隊の戦闘機が、黎明時より交代で発進、一時的に制空権を手中に収める。最後に南九州から、海軍特攻隊七隊、陸軍特攻隊一二隊が発進するという計画であった。

五月四日のこの作戦を菊水五号作戦と称する。かえりみれば、沖縄への航空総攻撃も、もう五回目だった。

この日、宇垣中将は総計六五機もの特攻機を送った。飛行機が足りなくなって複葉の九四式水上偵察機二八機さえ投入する。彼らは琴平水心隊と称し、指宿基地から尻をつかれるようにして大空の一角へ消えていった。

午前五時、知覧飛行場から陸軍特攻振武隊が、隼と旧式な九七式戦闘機を発進させる。二〇分おくれて鹿屋の第七神雷桜花隊の一番機が発進した。岡村司令は全七機を、五時二十二分から六時三十分までの一時間一〇分に一機ずつ雨だれ式に発進させたのである。

そして二五分おくれて、第五神剣隊の零戦一番機が二五〇キロ爆弾を抱いて離陸した。それは大村航空隊出身の若人が、先輩に負けじと健気な出撃振りを見せたものだ。

すなわち、宇垣中将は神雷と零戦特攻とをコンビに組み、一定のリズムで鹿屋を飛び立たせたのである。今日は建武隊ではなく、第十航空艦隊の零戦隊だ。最後の爆装零戦が離陸して一〇分後、岡村司令は第七神雷桜花隊のしんがりを出撃させた。

さて、当日の桜花パイロット指揮官大橋進中尉は、山口師範学校出身の第一三期予備学生。細い目、面長の彼は、とくに桜花第三分隊長湯野川大尉と親しかった。

次席の石渡正義上等飛行兵曹は、どちらかといえば不器用な操縦士だった。彼は訓練のさい、よく畑に不時着したエピソードをもっている。乙種第一七期予科練の彼は、すでに戦死した第二桜花隊の麓岩男一等飛行兵曹や第五建武隊の市毛夫司一等飛行兵曹と同期だった。

母機の七機は、攻撃第七〇八飛行隊（足立次郎少佐）と攻撃七一一飛行隊（野中五郎少佐）の混成部隊だった。野中隊は去る三月二十一日にほとんどが全滅してしまったが、残っていた二、三機が足立隊の一式陸攻と共に出撃したのだ。機長七名のうち、少なくも四名は第一三期飛行予備学生の少尉だった。すなわち、静岡第二師範学校の勝又武彦、仙台高等工業の菊地弘、小樽高等商業の足立安行、東京農業大学出の九州男児、宝満克行の四名である。

七名のマル・ダイ搭乗員を客人として乗せ、母機はひたすら南西に飛んだ。

米海軍の第五十二艦隊第二部隊の一〇七隻は掃海隊および機雷敷設部隊で、大型敷設艦テラーに将旗をひるがえすアレキサンダー・シャープ少将に率いられていた。

その第一掃海群の高速敷設艦シーアは、実質的にはサムナー級新鋭駆逐艦の一隻で、建造中に発射管八門を取り除き、かわりに機雷用レールを上甲板の後半分左右に敷いて、一〇〇個の機雷を投下できるよう改造した艦だった。夜間こっそりと日本艦船の前路に〝落とし穴〟を敷設するのが本業のシーアも、沖縄では駆逐艦の疲労を防ぐため、哨戒艦として使用されていた。同艦は一二日前の菊水四号作戦で、陸軍特攻機に体当たりされたばかりだった。

この日、シーアは〝魔の第十四哨区〟についていた。ここはよほど、桜花隊が狙い易かったらしく、去る四月十二日、駆逐艦マナード・L・アベールが第三桜花隊の体当たりで轟沈されていた。

「ハグシ海岸北西九〇キロの洋上にてレーダーにより、カミカゼの来襲を全軍に通報すること」

これが同艦の任務だった。

輸送船団の泊地には「カミカゼよけ」の煙幕が一面に張られていた。そのため目ざす目標を発見できない特攻機は、やむなくこの外にいるレーダー哨戒艦を狙ってしまうのである。

五月四日の朝は、靄が洋上にたなびき、視界は二〇〇〇メートルにも満たなかった。第五航空艦隊では、特攻隊の奇襲時間を午前八時三十分より九時ごろの間に設定していた。

午前八時五十七分、シーアは靄の上方に一式陸攻一機を発見した。八〇〇〇メートルから九〇〇〇メートルの距離である。本来なら、この三倍も遠くから桜花を発射するのだが、視界が悪いため、この母機は比較的低空を肉薄飛行してきたのだ。

パトロールの敵戦闘機は、目ざとく陸攻を発見、たちまち撃墜した。しかし母機は死の直前、最後の力をふりしぼって桜花を吐き出したのである。

それはグラマン戦闘機も追いつけないスピードだった。シーアが気づいたとき、桜花は突然、靄の中から現われ、たった九〇〇メートルの距離に迫っていたのである。四〇ミリと二〇ミリ機銃は狙いを定める間もなく乱射したがおそかった。

桜花はシーアの艦橋構造物右側に体当たりし、驚くなかれ反対側に突き抜けてから爆発した。さすが遅発信管をつけた空飛ぶ徹甲爆弾である。もしこの操縦士が心持ち下げ舵をとったならば、きっと艦底をぶち抜いたことであろう。

桜花は威力がありすぎて艦内で炸裂せず、向こう側に出てしまった瞬間、爆発した。桜花はがんらい敵空母や戦艦を目標に作られた兵器だから、わずか二二〇〇トンの敷設艦を相手とするには、かえって不向きだったのだ。

たちまち火災が発生した。体当たりの場所が艦の上部構造物だったので、甲板上のほとんどのものが吹き飛ばされ、艦は機能を失ってしまった。戦死者二七名、負傷者九一名は同艦乗組員の三分の一に相当する。しかも艦の頭脳にあたる艦橋には上級士官の大半が集まっていたから、シーアは多くの幹部士官を一挙に失ったのだ。

アーノルド・ロットの『最も危険な海』には、シーアの被害をつぎのように面白く表現している。

「同艦は全く沈没してしまったわけではないのだから、やはり『損傷』と書くべきであろう。とにかく、エンジン以外のものはすべてだめになってしまった」

しかし、これほどの大怪我にもかかわらず主機械だけは無事だったため、自力航行で沖縄のハグシ海岸まで這って行ったのだ。

別の神雷部隊は、シーアの北微西一〇キロにいた掃海艇を襲った。掃海予備隊には、六五〇トンのゲイエティと呼ぶ艦があった。ゲイエティとは「派手さ」とか「馬鹿騒ぎ」とかの意味だが、米国掃海艇には、こんな抽象名詞を艦名としたものが多い。

桜花一機がゲイエティに突入しようとして失敗、付近海面に落下したが、至近弾の爆発で同艦の砲手二名が負傷した。同艦は二三日後の菊水八号作戦でも水平爆撃を喰らい、損傷するのだが、五月四日がすでにケチのつき始めだった。

同じ海面には、四本煙突の駆逐艦を改造した掃海艇ホプキンズと木造の機動掃海艇ＹＭＳ六隻があった。神雷部隊と行動を共にした第五神剣隊の一部は、この掃海隊を襲ったらしい。零戦一機がホプキンズの煙突に突入爆発、戦死一名、負傷二名を出し、ＹＭＳ三二七号、三三一号にもそれぞれ一機ずつが体当たりした。いずれにもせよ、この五月四日は米第五十二艦隊の第二部隊にとって厄日だった。

出撃した七機のうち鹿屋へ生還した一式陸上攻撃機は二機だけだった。そして未帰還機五機中、二機が攻撃第七一一飛行隊に所属するものだった。おそらくあの世では、ヒゲの野中五郎少佐が愛する部下に微笑みかけたことであろう。

母機二機が生還したが、うち一機は桜花を抱いたまま帰ってきた。敵があわてて展開した煙幕と靄とに妨げられて、目標を発見できなかったのかも知れない。反対に、目的どおり、見事に敵上に桜花を投下して、帰投した母機搭乗員の心境たるやいかばかりであったろう。たとえそれが任務であり、命令であるとはいえ、戦友を敵艦の頭上に投げすててきたのである。彼らの気持も察するにあまりあるものがある。

五月四日、桜花は確かに敷設艦一隻を大破し、掃海艇一隻に傷を与えている。

しかし戦果は、「戦艦、巡洋艦各一隻撃沈」と記録された。

「航空攻撃のお陰でこの日、地上軍は敵機の空襲を受けなかった」

「沖縄西方洋上に、つぎつぎと敵艦が炎上する姿がわが陣地からも手にとるように見え、勇気百倍す」

第三十二軍司令部（球兵団）からは、宇垣中将へこのような感謝電報が入った。

ところが、肝心の第三十二軍自身は、米第七、二十七、九十六師団の反撃にあって数時間後、総攻撃を中止してしまったのである。連絡の不備から逆上陸を敢行した船舶工兵も、はじめ奇襲に成功したが、米海兵隊の水陸両用戦車の攻撃に押され、全滅してしまった。沖縄における陸上戦は日本にとってまったく絶望的となった。

けっきょく、地上総攻撃に協力して多大の犠牲を出した航空特攻は、無意味になってしまった。

桜花最後の戦果

神雷部隊はがんらい敵空母轟沈を目的としたものだが、隊員の中には、敵飛行場に燃えるような敵愾心を抱く者があった。四月中旬以降、沖縄の嘉手納および読谷基地から米海兵隊戦闘機が発進し、わが特攻機を片っ端から撃ち墜とすからだ。とくに四月十六日の第五桜花神雷部隊のように、鈍重な一式陸攻はこの犠牲となりやすい。

そこで敵飛行場への突入を希望する声が上がった。まず自分が真っ先に基地へ体当たりして敵戦闘機の発進を不可能に陥れる。そのあとで友軍の特攻機がゆっくりと泊地の敵艦艇に突入するという作戦である。

長さ一〇〇メートルほどの艦艇に体当たりするよりも、一〇〇〇メートル余の飛行場に突入する方がやさしい。しかも物量豊富な米海兵隊第三十一、第三十三航空隊は、多数の各種飛行機を並べているのである。これほど、よい〝カモ〟はあるまい。

もちろん、いままでも艦上攻撃機天山や陸軍の重爆が、夜間こっそりと二五〇キロ爆弾をお見舞いしてはいた。しかし広い滑走路の一部に穴をあけるだけの効果しかなかったのだ。もし、炸薬量一二〇〇キロもの桜花が一機でも突入すれば、敵に甚大な被害を与えずにはおかないだろう。

宇垣中将は、五月十一日、菊水六号作戦を発令するその前夜、敵飛行場攻撃を命令した。数機ずつの編隊に分かれ、夜間戦闘機月光一〇機、水上爆撃機瑞雲六機、高速重爆靖国二機にまじって、桜花を抱いた一式陸攻二機が発進する。いずれも毛色の変わった飛行機だ。桜花以外のこれら基地空襲部隊の一八機は特攻機ではなく、東の空が明るくなるころには爆撃をすませて九州へ向け、帰途につく予定だった。

ところが敵側の迎撃用レーダーは、いちはやく接近する日本機の影を捕らえた。ただちに迎撃の夜間戦闘機が発進した。米軍の方が常に役者が一枚上だった。

ある程度の被害は与えたようだが、出撃した桜花二機は攻撃の機会を失い、九州の基地へ帰ってきた。しかし、宇垣中将は、神雷による飛行場突入を決して諦めたわけではなく、その日記にも「隊員に再挙を期せしむる事とす」と書いている。

敵基地攻撃の成果がどうであろうとも、五月十一日は菊水六号作戦を敢行、沖縄の敵輸送船団をたたきつぶさねばならない。

そこで第五航空艦隊では天山一〇機、水上偵察機六機、銀河八機などの特攻隊を送り出した。一式陸攻四機よりなる第八神雷桜花隊も、もちろん出撃した。

指揮官は弱冠二十二歳の古谷真二中尉。第一三期飛行予備学生で慶応大学の出身。東京の人である。彼と同じ大学の中西斉季中尉は、二週間前、第九建武隊としてすでに散華してしまった。

他に同じく一三期でも後期となった三名の少尉が加わった。台北高等工業の中島真鏡（熊本）、長崎高等商業の鑪敬蔵（長崎）、天理外語の宮崎文雄（香川）である。菊池邦寿一等飛行兵曹は大正十五年生まれの二十歳。福岡県の人である。

一番機が鹿屋から飛び立ったのが午前六時五分。一式陸攻の機上では、桜花パイロットが風防ガラスの内側で手を振っている。

この出陣の光景をじっと見守っていた一人の報道班員がいた。当時三十八歳の山岡荘八である。彼は昭和十七年の春から終戦まで、ずっと海軍報道班員として中国、マレー、タイなどへ従軍、沖縄戦の数ヵ月間は鹿屋基地で過ごしていたのだ。桜花パイロット高野次郎中尉は、出撃の直前、腕章をつけたこの細面の報道班員に遺書を託した。山岡荘八は、ただちに遺書と出陣の有様とを富山県の遺族に書き送ったという。

同じく第一三期飛行予備学生の小林常信中尉（埼玉）は台北高等商業の出身だった。この二名は約一ヵ月前、零式輸送機で神ノ池から駆けつけた応援兵力であった。

元気者の藤田幸保一等飛行兵曹の姿も南の空へ消えていった。やせ型の彼は、平野晃大尉の第一分隊員だった。この分隊は、後輩の指導のため、神ノ池に残るのである。ところが、第三分隊の吉村兵曹が桜花の着陸訓練で怪我をし、入院したことを耳にした彼はそのかわりにと強引に頼み込み、転属が許されたのだという。

藤田兵曹は四月一日以降、四回も特攻隊として出撃したが、天候不良で引き返したり、目標がみつからなかったりして攻撃の機会に恵まれなかった。慎重な彼は、五度目の出撃で散華したのだ。

最後の四番機が鹿屋を出撃したのは、指揮官機より一時間もおくれた午前七時十一分のことであった。

5月11日、1時間半の間に駆逐艦エヴァンズは4機の突入機をうけた。写真は同艦に記された撃墜マーク。

沖縄の中央部より北微西六〇キロに、第十五哨区があった。五月十一日、ここには駆逐艦エヴァンズとヒュー・W・ハドレイの二隻が、三隻の上陸支援艇（LCS）と一隻のLSM中型ロケット発射艦をしたがえて配置についていた。

この二隻の駆逐艦は、午前七時五十分から九時三十分までの一時間四〇分、言語に絶する大航空攻撃を受けたのである。わが陸海軍特攻機のほとんどすべてが、第十五哨区の敵艦に殺到したからだ。

二隻の米駆逐艦は、SPレーダーに

より、一五〇機もの日本機が、いくつかのグループに分かれ、北東から押し寄せてくるのを知った。すかさず頭上の海兵隊戦闘機にラジオで連絡、これに向かわせる。それでも網を突破した特攻機は波状的に来襲してきた。はじめの水上偵察機は一二・七センチ砲の乱射を浴び、一〇〇〇メートル遠方に墜落した。

しかし、その後の戦闘で駆逐艦エヴァンズに特攻機四機が命中し、行動不能となった。ヒュー・W・ハドレイも、死にもの狂いの乱戦の中でエヴァンズから四キロ以上も離れてしまう。前後左右を特攻機に囲まれたハドレイの後部に爆弾一発が命中した。

つづいて、一式陸攻の一機が低空から現われて桜花を発射したのだ。桜花はロケットの火を吐きつつ物凄い勢いでハドレイに命中した。この母機が普通、マル・ダイの発射高度と決められている三〇〇〇～五〇〇〇メートルで突入せず、低空から攻撃した点は注目に値しよう。低空の方が命中率は確かに良くなるが、そのかわり桜花は遠くまでは飛べない。おそらくこの母機は必死のかくごで接近し、雷撃のような格好で敵艦に飛びかかったのだろう。

第五航空艦隊司令部へ「桜花、発進す」を打電した一式陸攻は、出撃四機のうちの一機だけだが、ハドレイを狙ったこの母機が打ったのかも知れない。

その後、別のカミカゼ一機が後方へ体当たりしたので、同艦はボイラー室の一部と第一、第二機械室へ浸水した。中央部の大火災は各所で弾薬を誘爆させ、戦死者二八名と艦長バロン・J・ムラネイ中佐以下負傷者六七名を出した。その死傷者は同艦乗組員三五〇名の四分の一にも及んでいる。

ハドレイはいまにも転覆しそうになった。艦長は五〇名の保安要員を除き、生存者はボートに乗り移るよう命じた。ハドレイはもはや浮いている鉄屑に過ぎなかった。沈まないのが不思議なくらいだった。やがて同艦は息も絶えだえとなりつつ、慶良間列島の泊地に曳航されていった。

第二次大戦中、大統領感状を授与された米駆逐艦は二一隻に上るが、ヒュー・W・ハドレイもその一隻である。このような重傷にも負けず、一時間半にわたり日本機二三機を撃墜した功績のためだ。

この日、出撃した第八神雷桜花隊四機のうち、母機の一機は桜花を抱いたまま鹿屋へ生還した。おそらくちょっとしたタイミングで会敵できなかったのか、あるいは故障で桜花が母機からはずれなかったのだろう。

未帰還者母機隊員二一名（三機分）のうち士官四名、下士官一四名、兵三名であった。

この日の戦果が、これまで一〇回出撃した桜花隊の最後の戦果となったのである。以降二回、桜花隊は発進しているが、いずれも命中してはいない。

さて第七二一航空隊では、母機の一式陸上攻撃機と、桜花よりも手軽に使える零戦特攻隊（建武隊）の消耗がはげしかった。もはや人員も機材もいくらも残っていない。そんなとき、幸か不幸か大量の後続部隊が追加されたのである。

去る四月十八日付で第十航空艦隊司令部が霞ヶ浦に帰ってしまったことは前に述べたが、各地から九州への進出途上にあったその特攻隊は、乗りかけた舟とばかり、宇垣中将の指揮下に入れられた。すなわち、宇垣の第五航空艦隊にとって、これら応援兵力は外様的存在であり、いわば借りものである。

ようやく飛べるようになったばかりの第十航空艦隊出身特攻隊は、ほとんどが零戦に乗っていた。そこで宇垣中将は、これらの若人をベテラン戦闘機乗りの岡村大佐にあずけたのだ。彼らは、第七二一航空隊の戦闘第三〇六飛行隊に編成がえとなった。

勇猛をもって鳴る神雷部隊司令の指揮下に入ったヒナ鳥たちは、いやが上にも闘志を燃やさずにはおかない。おとろえたりとはいえ、なお神雷は日本海軍のホープなのだ。第一四期飛行予備学生河晴彦少尉は、その喜びをつぎのように書いて家族に送っている。（遺書集『ああ同期の桜』）

「（中略）（もはや）我々は神雷爆戦隊なのです。今ではすでに筑波隊ではありません。（中略）林大尉や湯野川大尉が今も我々の分隊長として元気に指導しておられます……」

第七二一航空隊に鞍変えしたことを、いかにも誇らしげに語っているではないか。

岡村大佐も、五〇機にも上る零戦とそのパイロットを一挙に与えられたことは、たとえ、その技量はやや落ちるとも、よほどの喜びであったに違いない。いずれにもせよ、零戦特攻隊は、若人の参加により〝カンフル注射〟を与えられたのだ。沈みがちだった士気は、盛り上がった。岡村司令も、宇垣の、いや全軍の期待に応えるため懸命になった。

しかし、それぞれの出身航空隊に花を持たせようとした彼は、故意に「建武隊」という自己の隊名を用いず、従来どおりの特攻隊名を名乗らせたのである。

すなわち、茨城県の谷田部航空隊からきた者は「昭和隊」、筑波航空隊はその地名どおり、「筑波隊」、長崎県の大村航空隊は「神剣隊」、朝鮮の元山航空隊は「七生隊」といった具合である。なお谷田部航空隊は、もと神ノ池にあり、神雷に基地を譲った部隊で第七二一航空隊とはなじみ深い兵力だ。

菊水六号作戦の五月十一日、敵機動部隊を発見したため、宇垣中将は零戦特攻隊にも出撃を命じた。予定表にはなかった緊急の作戦である。

そこで第八桜花神雷部隊よりややおくれ、岡村大佐は総計二六機の零戦特攻機を、午前六時に発進させる。この中には桜花パイロットよりなる第十建武隊の零戦も含まれていた。

彼らは第六神剣隊、第六および第七昭和隊、第五筑波隊、第七・七生隊の後輩を引っ張って行かねばならない。第十建武隊指揮官芝田敬禧中尉の責任は重大である。明治大学卒業の第一三期予備学生柴田中尉は常に名古屋弁で話していた。

「俺は高空からは体当たりしない。海面すれすれに飛んで、敵空母の横っ腹に風穴を開けるんだ」

超低空を飛ぶことによって、敵高角砲の死角に入り、かつレーダーにもキャッチされまいとしたのだろう。山岡荘八報道班員は五月十一日、零戦特攻隊にも手を振ってその出陣を見送った。

米機動部隊は、早朝から戦闘機を上げて防戦につとめていた。その網を突破した特攻機三機も対空砲火の犠牲となった。

午前十時五分、米軍のレーダー・スクリーンの上にはもはや味方機のみが映り、ほっと一息ついたところ、旗艦空母バンカー・ヒルの右舷後方の低い雲の中から突如、零戦一機が飛びだして突入してきた。それは、浅い角度で後部の第三エレベーターの真横に体当たりしたのである。

勢いあまった零戦は、飛行甲板に並べられた空母機の頭上を、ピョンピョンとジャンプしてあちこちに火災を発生させ、側方の海面に落ちていった。零戦の爆弾はショックで機体から離れ、飛行甲板を貫通して内部で爆発した。

その瞬間、陸軍の三式戦闘機飛燕一機が、やはり後方から急降下してきた。

モリソン博士の『太平洋の勝利』は、この特攻機を「ジュディ嬢（艦上爆撃機彗星のこと）」と記しているが、一六機よりなる彗星特攻隊はこの日、発進の機会を失っている。したがって彗星とよく似た水冷式エンジンをもつ、飛燕に間違いあるまい。鹿屋からほど遠からぬ知覧基地から、陸軍の第五十五、五十六振武隊（飛燕合計六機）が午前六時五分に飛び立っているからだ。この特攻機は艦橋構造物の根本の飛行甲板に体当たり命中した。

二機の体当たりで火災と煙とが発生し、バンカー・ヒルの乗組員はばたばたと倒れた。戦死実に三五三名、行方不明四三名、負傷者は二六四名にも及んだという。沈みこそしなかったが、バンカー・ヒルは戦争が終わるまで本国で修理にかかり、二度と対日戦に参加することができなかった。

五十七歳の機動部隊司令官ミッチャー中将は、力なくつぶやいた。

「仕方がない。将旗をエンタープライズに移そう」

五月十一日の零戦特攻隊は、従来のように敵の哨戒駆逐艦に目もくれず、はるか後方にかくれていた空母に突入した点、賞讃に価しよう。しかしその反面、空母に向かった零戦特攻二六機中、体当たりを敢行したのはたった一機で、残りはことごとく犠牲となってしまった。命中率は、わずか三・七パーセントだ。

5月11日、ミッチャー提督の座乗する空母バンカー・ヒルに2機の特攻機が体当たりした。爆弾は格納庫内で炸裂し、待機中の搭載機群を炎上させた。

沖縄戦における陸海軍特攻機の命中率は、一般に六・九パーセントと計算されているが、その平均値より半分近くも悪い。なお他の一一機の爆装戦闘機は空母に向かわず、神雷桜花隊と同様、沖縄泊地に向かった。

この五月十一日、岡村大佐が発進を命じた爆装戦闘特攻機は合計三七機、六隊に上っている。残念ながら空母に向かった特攻機は、電波の不感帯に入り、せっかく戦況を打電してもその内容が鹿屋にとどかなかった。したがって零戦特攻機と陸軍の振武隊とが空母バンカー・ヒルを大破させたことは、日本側には分からなかったのである。

なお神雷直系の第十建武隊はこの日、四人の戦死者を出した。新しく第七二一航空隊に入った旧第十航空艦隊よりの応援兵力は、二二名の犠牲者を数えている。

出撃した零戦特攻の七〇パーセントが帰らなかった。

桜花、エンタープライズを損傷す

旗艦空母バンカー・ヒルを特攻機によって大破されたミッチャー中将は、第一および第三空母部隊を率いて、南九州にある特攻基地をたたきつぶさんと忍び足で北上してきた。敵は我方の裏をかき、九州の西南を避けて東南に接近する。

敵機動部隊による反撃は、去る三月十九日および四月十五、十六日（第七、第八建武隊の出撃）に引き続き三回目だ。

五月十三日の未明、哨戒にでていた彗星は、九州南端佐多岬の南東二〇〇キロに敵空母四隻を発見、さらにその一時間二〇分前にも水上偵察機が、この敵に気づいていた。各飛行場では、航空機をかくしたり、後方基地に退避させて空襲に備えた。

はたせるかな午前六時二十二分から午後一時までの間、二波に分かれた合計五二〇機が来襲してきた。航空機はいちはやく待避させていたため地上における損害は少なかったが、そのかわり〝殴られっぱなし〟でなんの反撃も加えることができなかった。

これは、闘将宇垣にとって我慢のならないことだった。彼は空襲のほとぼりのさめた夜、銀河および靖国（陸軍の重爆）の爆撃機一六機に後を追わせ、ついで零戦特攻機に大挙、出撃準備命令を下したのである。

「明朝はいよいよ出陣だ」

昂奮のあまり、隊員たちは、まんじりともできなかったろう。

岡村基春大佐は、戦闘第三〇六飛行隊から三つの零戦特攻隊を出撃させることとなった。桜花が出ないのは、目標が輸送船団ではなく、厳重な機動部隊だからである。まず直系の第十一建武隊。その指揮官は明朗な楠本二三夫中尉。久留米高等工業をでた長崎の人だ。同じ第一三期の日裏啓次郎中尉は平素、なにか考え込んでいるタイプだった。法政大学出身の東京人で彼は同じ大学の岩崎良春、竹内秀雄両少尉を一ヵ月前、第四神雷桜花隊の母機機長として失っていた。そのため、とかく沈みがちだったと伝えられる。法政大学出身者からは神雷部隊戦死者が三名も出ている。

なお楠本、日裏らの士官は新庄大尉の桜花第五分隊に属し、四月十三日に神ノ池から零式輸送機でかけつけたメンバーである。他は予科練出身の桜花パイロットで、彼らが生き残り零戦隊の全部だった。一一回まで編成された建武隊も、これで二ヵ月間の戦いの幕を閉じるのである。

つぎに新たに加わった第六筑波隊と第八・七生隊。ともにその指揮官は大学出の第一三期飛行予備学生だが、隊員のほとんどが第一四期飛行予備学生だった。少尉に任官したばかりの彼らは、飛行時間一〇〇時間前後の経験で特攻隊に廻されてきたのだ。開戦時のわがパイロットは、さほど腕の達者な者でなくとも、八〇〇時間程度には達していたことを考えると、いかに質が低下したかがうかがえよう。戦局の窮迫に加えて熟練パイロットの消耗とガソリン不足とが、こんな未熟操縦士を生んだのである。

明くれば昭和二十年五月十四日。幸い、前夜から索敵機は敵に喰いついて離れない。その位置が意外に近いのは、この日も敵空母機が九州飛行基地爆撃の意図があるからであろう。

まず機先を制して第二〇三航空隊の零式戦闘機四〇機が制空隊として、鹿児島県笠ノ原基地から発進した。これが敵戦闘機と格闘している間に、特攻零戦隊が突入するのだ。まだ暗い午前三時二十分から五十七分の間、鹿屋から爆装零戦二八機が飛び立った。

例によって、建武隊は五〇〇キロ爆弾を、やや腕のおちる第六筑波隊、第八・七生隊の零戦は二五〇キロ通常爆弾を抱いている。

「これで建武隊も、いよいよ最後だ」

岡村大佐は、胸のしめつけられる思いで空の一角に目をやった。

この五月十四日の特攻がある程度成功した陰には、二つの理由が考えられる。

一つは、敵空母が従来のように沖縄付近ではなく九州に接近していたことである。目標との距離が近いということは、未熟なパイロットの場合、とくに影響しよう。それでも高速で位置を移動する機動部隊ゆえ、発見がむずかしく、発進より突入までに三時間近くも要している。ましてやまだ暗く、敵艦隊を発見するのに、かなり手間どったようだ。

もう一つは、敵の警戒駆逐艦にひっかからなかったこと。あるいは、その頭上を飛んだが暗夜のため気づかれなかったかも知れない。したがって二八機のすべてが、内側の敵空母に向かうことになったのである。

ようやく、空も明るくなりはじめた六時ごろ、米空母のSK型レーダーは接近中の約二六機の日本機を捕らえた。すかさず、上空のグラマンF6F戦闘機が連絡を受けてこれに殺到した。彼らも〝虎穴に入る〟以上、特攻隊の来襲を覚悟して、万全の態勢を整えていたのだ。

日本側は制空隊との協力が十分でなかったため、特攻零戦は片っ端から撃墜された。

5月14日、第五十八機動部隊の旗艦エンタープライズは前部エレベーター付近に体当たりされた。写真はその直後、飛ばされたエレベーターが見える。

作戦部長キング元帥の『報告書』によると、米戦闘機は一九機の日本機を墜としたといっている。しかし、これでもかこれでもかとばかり、特攻機はぞくぞくと飛来した。

ようやく防御陣を突破した特攻機六機が目ざす空母に接近した。「我レ敵空母ニ突入セントス」を打電したもの六機、空母以外の艦艇に突入を報じたものが二機あった。しかし待ちかまえた数十隻数百門の対空砲火を受け、すべて敵艦を目前にして空しく撃墜されてしまった。

しかし午前六時五十六分、生き残った一機が新旗艦エンタープライズに飛びかかってきた。それは急降下しつつ、空母の頭上をすれすれに飛び越したかに見えた。だが、米水兵が安堵の胸をなで下ろすのはまだ早かった。特攻機はいきなり腹を見せて回転しながら、エンタープライズの前部飛行甲板に体当たりしたのである。

命中したのは巨大な航空機用第一エレベーターの真横だったので、エレベーターの一部は一二〇メートルも空中高く吹き飛んだ。大爆発で飛行甲板に大穴があき、その周囲は爆風で丘のようにもり上がってしまった。爆弾は下へ貫通、一五メートル底まで突き抜けてしまった。制空隊の戦闘機は、この特攻機の体当たりと空母の炎上を目撃したが、特設空母と誤認して報告した。しかし実際には商船を改造した護送空母ではなく、レッキとした第三十八機動部隊の旗艦、制式空母であったのである。

艦内の格納庫甲板の前部では、火災が発生した。

「早くどうにかせんか！」

やせたテキサス男マーク・ミッチャー中将は、艦橋でどなり散らした。

かえりみれば、このエンタープライズこそ、日本海軍の仇敵中の仇敵であった。ミッドウェーでわが空母「加賀」「赤城」を沈めたのも、第二次ソロモン海戦で「龍驤」を倒したのも、すべて同艦艦載機の仕業だった。レイテ沖海戦では戦艦「武蔵」撃沈にも一役買っている。

さて、同艦の火災は驚くほど早く、たった三〇分で鎮火した。さすが歴戦のベテラン空母である。戦死一三名、負傷者六八名という数も、損害の割には決して多い数ではない。しかし同艦は、修理のため本国に帰ったが、もう二度と対日戦に出るチャンスは訪れなかった。修理が完了したのは、戦争が終わって一ヵ月もたってからのことだった。

こうして第七二一航空隊の特攻零戦は、五月十一日、十四日の二回、相続けて敵空母二隻を戦列から離れさせたのである。

面白いのはこの日、エンタープライズの北東一七キロの海上にあった第三空母部隊の空母バターンだ。第七二一航空隊の零戦特攻の一部は、第三空母部隊をも狙った。同艦は乱戦の最中、友軍が零戦特攻機に撃った一二・七センチ高角砲弾が落下して損傷している。

さてこの日、出撃した零戦特攻機二八機中、六機は故障かなんらかの理由で、基地に生還している。事実、当時の飛行機は、中学生が学徒動員により慣れない作業で作ったためか故障の続出に悩んだ。

零戦特攻機の当日の戦死者は、第十一建武隊五名、第六筑波隊一四名、第八・七生隊三名の計二二名であった。ややおくれて双発爆撃機銀河一機が、特攻の戦果確認に飛んだが、もう敵艦隊を発見することができなかった。

このように、この日の敵機動部隊の動きは迅速だった。すなわち、去る三月十九日の苦い経験から、九州の特攻基地を爆撃するとすばやく姿をくらましたのだ。そのうえ、午後から天候も悪化した。そのためもう一太刀を敵の背中に浴びせ、追い打ちをかけんとした宇垣長官の作戦も、水泡に帰したのである。

ミッチャー中将は、この三日間だけ乗艦していたエンタープライズを去り、やむなく、新鋭空母ランドルフを第三十八機動部隊の旗艦に選んだ。司令官が四日間に二回も旗艦を変更したのだから、士気にも相当影響したに違いない。

米軍側も、沖縄航空戦には相当手を焼いていたのだ。ホーグランドの『対日戦における陸軍航空隊』によると、この翌五月十五日、三日前に沖縄へ進出した陸軍第三一八飛行団が、早くも活動を始めたという。ノースアメリカン社のリパブリックP47戦闘機は、早くも南九州の日本飛行場へ機銃掃射を浴びせるようになった。宇垣中将の頭痛の種がまた一つ増えたわけである。

五月十九日、三月下旬より東日本から応援にきていた第三航空艦隊司令長官寺岡謹平中将が、千葉県木更津へ帰った。宇垣は、先に日本各地から応援にきた第十航空艦隊を失い、いままた第三航空艦隊というよき相棒をもがれたのである。

もはや宇垣は、自己本来の第五航空艦隊だけで、沖縄の米陸軍および海兵隊航空機と敵艦隊の三者を相手に戦わねばならなくなった。

そのため、彼は一層、第七二一航空隊の神雷に多くを期待するに至ったのである。

第九桜花隊、悪天候に引き返す

せっかく桜花操縦士として訓練したパイロットを、建武隊と称する零戦特攻隊でつぶしてしまった岡村司令である。したがって、いまや彼の手元には十数機ずつの桜花と母機とが残っているだけだった。搭乗員もあと数回の出撃分を残すのみだ。それでも第七二一航空隊の空気は明るかった。猛烈なファイトと崇高な使命感だけが、彼らの支えだった。

岡村大佐は常にくり返していた。

「諸君がいちばん心残りに思うのは、自分の挙げた戦果であろう。その戦果は自分が直接、靖国神社へ行って報告する……」

隊員はたとえ自己の生命を犠牲として見事体当たりしても、その功績が同胞に知られることなく終わってしまうのではないかと恐れていた。岡村司令は、この一言によって散りゆく若桜に、せめてもの慰めを与えたのである。

空母エンタープライズを大破させて三日目の五月十六日、ＮＨＫの局員が、軍命令により桜花隊員を鹿屋に訪れた。桜花は未発表の新兵器だが、その搭乗員は、一特攻隊員として家族に対する最後の言葉を録音したのである。

マイクに向かう第七二一航空隊員の声は明るくはずんでいた。まだテープ・レコーダーなどという便利な器具がない時代で、レコード盤に肉声が記録される。彼らは命令一下すぐにも飛び立てるよう、あらかじめ遺書をしたため、家族に貯金を郵送し身辺を整頓しておくことを忘れなかった。

すでに沖縄航空戦は、いくら特攻機を送っても傾いた態勢は挽回できそうもない。長い苦しい戦いだ。そんなある日、第九神雷特攻隊に明朝出撃の準備が命令された。五月二十三日夕刻のことである。沖縄の東北三ヵ所に空母を含む敵艦隊が発見されたためだ。

宇垣纒中将は、一三日ぶりで沖縄への航空総攻撃――菊水七号作戦――を発令する。

特攻隊員は、まんじりともせず、寝苦しい初夏の一夜を送った。

午前四時、搭乗員は整列して待ったが、岡村大佐は意外な訓示を与えた。

「出撃は一日延期。気象班の報告によれば、沖縄方面は小雨。台湾の第一航空艦隊も出撃を中止した。各自、ゆっくり休養するように」

五月二十五日、隊員は午前三時に起床した。午前四時、滑走路の一端に第七二一航空隊員が整列する。前列に桜花パイロット一二名、その後方に八四名の母機隊員がならぶ。

たまたま、連合艦隊司令長官豊田副武大将が鹿屋に視察にきていたので、彼が壇の上に上がり訓示を与えた。ふっくらとした顔つきの豊田大将が桜花隊員を激励するのは、これが二度目である。最初の出合いは十九年十二月、神ノ池基地においてであった。そのときに訓示を聞いた桜花パイロットは、約七割近くがすでに戦死している。

午前五時、ずんぐりと太った一式陸上攻撃機は一機ずつに分かれ、発進を開始した。片隅の松林で、女学生が振るハンカチの白さが目にしみるようだ。学徒動員令により基地へ機材整備にきた純粋な女子挺身隊員である。

「よし彼女たちのためにも、喜んで散ってゆこう！」

若い女性の見送りは、特攻隊員を一層奮起させずにはおかない。第九神雷桜花隊一二機中、一機は故障で出撃をとり止め、一一機が出陣した。

この菊水七号作戦では練習機白菊さえも特攻機として投入された。宇垣中将は、白菊や桜花が戦果を挙げる可能性は十分あると信じて疑わなかった。なぜなら、前夜、陸軍の義烈空挺隊が一一機の重爆撃機に分乗、沖縄の嘉手納および読谷の両飛行場へ壮烈な強行着陸を敢行し、斬り込んでいたからである。全部で一一〇名の斬込隊では、とても敵基地を占領することなどおぼつかないが、少なくも敵戦闘機を炎上させ、レーダー施設を破壊することはできよう。事実、無電傍受により、敵基地がすでに大混乱の状態にあることがわかっていた。

これならばたとえ海兵隊の敵戦闘機が舞い上がってきても、その数は決して多くはあるまい。したがって、途中、空母機に捕まりさえしなければ、弱い特攻機でも体当たりできると考えたのである。

出発後しばらくして、岡村大佐の下に気象班から報告が入った。彼の顔色がさっと変わった。天候が予想より早く、悪化の一途をたどっているというのだ。

もはや沖縄はスコール雲におおわれ、視界は効かない。桜花は富士山よりも高い四〇〇〇メートル以上の高度で発射するのだから、雲が多くては投下できないのである。

「全機、無事に帰ってくれ！」

彼はひたすら、神に念じた。

一式陸上攻撃機は行程の三分の一を飛び、徳之島上空をやや過ぎたころ、猛烈なスコール雲に出遭った。風防ガラスには、しきりに雨しずくが流れる。あと四〇分も飛べば沖縄の北端に到着だというのに。

母機の機長の責任たるや重大である。第九神雷桜花隊と称しても、一機が編隊を組んでいるわけではないので、各機長の判断で行動しなくてはならない。

「仕方がない。引き返そう」

多くの機長が無念の思いで引き返した。

二十二歳の桜花搭乗員、岡本正明飛行兵曹長は、自己の生命を母機の機長にあずけていた。

彼の乗った一式陸上攻撃機は、雲の中を計器飛行で飛び続けた。

五月二十五日午前七時五十分、彼は機体下のマル・ダイに乗り移った。足元からは高角砲弾が猛烈に炸裂しはじめた。この下に「敵」がいるとは分かっていても、それが基地かあるいはどんな軍艦かは判明しない。

彼は息づまるような数分を過ごした。母機は高度を下げて地球をなめ廻すように低く飛び続けたが、依然として視界はゼロである。さすが強気な機長も、ついに諦め、岡本兵曹長に〝上がってこい〟の合図を送った。鹿屋に着陸すると、先に引き返していた戦友が抱きついてきた。

さて第九神雷桜花隊の一機は、悪天候にもかかわらず飛び続け、ずっと東南東の第五哨区を襲った。沖縄の東方八〇キロには駆逐艦ブレーンとアントニーが配置についていた。ブレーンは一年前、テニアン島を艦砲射撃したさい、わが第五十六警備隊の砲台から一発喰らった苦い経験があった。

さて二十五日の未明、陸軍の第六航空軍（靖兵団）も隼、飛燕、九七戦闘機、疾風などの特攻戦闘機を振武隊と号してつぎつぎに送り込んだ。たまたま彼らの発進時間が神雷部隊と相前後していたので、一式陸攻の一機は期せずして彼らの一部と協力しつつ突入するかたちとなったのである。

ブレーンとアントニーは、死に物狂いで対空砲火を撃ち上げた。そして桜花を抱いた母機一機を含め、合計四機の特攻機を撃墜したという。

この日、一一機出撃した母機のうち、八機が引き返し、残る三機が犠牲となった。帰らぬ三名の桜花パイロットの中には、予科練出身の磯辺正勇喜上等飛行兵曹も含まれている。彼は基地内によく付近の子供たちを集め、オルガンに向かって合唱を楽しんでいた。遊び相手の〝兄チャン〟をなくし、子供たちは、さぞさびしかったことであろう。

母機隊では二一名の戦死者を出したが、そのうち士官三名、兵二名、残り一六名が下士官だった。工藤正典少尉は広島の人、熊本高等工業出身の第一三期予備学生だった。したがって一ヵ月半前に戦死した第一建武隊の米田豊中尉と同じ大学、所属航空隊も同じの同期生だった。

小作明男少尉は神奈川県出身。関学の卒業生である。海軍特攻隊五月二十五日は、ひとり神雷部隊のみならず、途中で引き返したものが多い。海軍特攻隊は六四機中、四五機が帰還、一〇〇機以上出た陸軍特攻も三分の一が帰ってきた。

五月二十七日、この日は海軍記念日だった。日露戦争における日本海海戦の大捷を記念する日なのだ。岡本大佐は第七二一航空隊内で剣道大会を開いた。当時の武人の常として彼自身、剣道が大好きだったのである。

竹刀に全精神を集中して一瞬を争う。このスポーツは、戦闘機の空中戦と一脈通ずるものがあるかも知れない。有段者の模範試合に優勝した河晴彦少尉（北海道大学農学部卒）に対して、岡村大佐はとくに顔をほころばせ、ビール二本を贈ったと伝えられる。

仮面を脱いだ桜花

東京、霞ヶ関にある海軍省の構内では、報道部長栗原悦蔵少将がじっと考え込んでいた。誰の目から見ても、もはや戦局は敗色濃厚となってきている。特攻隊の散華も、すでに日常の茶飯事と化してしまった。この辺で国民を鼓舞する景気のよい発表はないものだろうか。そして、いよいよ桜花の仮面を脱がせることが決まったのである。

五月二十九日の新聞は、三段抜きの大活字で、「ロケット弾に乗って敵艦船へ体当り。本土南方沖縄周辺の神鷲三三二勇士！」とでかでかと発表した。

ロケットという言葉は、いかにも新兵器らしい勇壮感を与えずにはおかない。事実、桜花のロケットは、名ばかりの力の弱いものだが、それでも沈みきった国民を安心させる役割を果たしたのである。

「日本には、こんなすばらしい兵器があったのだ」

母機の編隊の写真も掲載された。もちろん、桜花そのものの性能などは公表されず、主として神雷部隊の人材にスポットがあてられた。第三分隊長湯野川守正大尉。第四分隊長林富士夫大尉の氏名も発表され、このときまでに戦死した隊員の氏名が世に出たのである。新聞に出たことは、第七二一航空隊残存隊員の士気をも高めた。

『麦と兵隊』で知られている作家火野葦平氏は、当時、西部軍（睦兵団）報道部の嘱託として九州にいた。三十八歳の彼は、六月八日付の朝日新聞に、「神雷特別攻撃隊の賦」という長い詩を載せている。

五月十四日出撃の第十一建武隊をもって、神雷部隊は手持ちの零式戦闘機をすっかり使い果たしてしまった。そこで、宇垣中将がひと握りの零戦特攻機を岡村司令にあずけ、その残存部隊十数名が鹿屋で出撃命令を待っていた。

すでに彼らは原隊を離れ、正式に第七二一航空隊の戦闘第三〇六飛行隊に編入されていた。いわば〝よそ者〟のこれら零戦特攻隊は、神ノ池を知らない上に桜花に乗ったこともなく、建武隊とは性格が異なっていた。また、一式陸攻の護衛をするわけでもないので、三月二十一日に戦死した第一桜花特攻隊の神雷戦闘隊とも異なっていた。

はじめ、その出身部隊にあやかって第八昭和隊とか第七筑波隊と称していたこの特攻隊も、五月の末には、「第一神雷爆戦隊」(爆弾を持った戦闘機の意)と改名されるに至った。こういう未熟なパイロットを第一線に投入するのは、実際には時機尚早であったが、もはやそんなことをいってはいられなかった。しかし、たとえ飛行経験は乏しくとも、彼らの戦意は天をつくものがあり、岡村大佐を安心させた。

これら学鷲は、軍艦もろくに見たことがない。そんな彼らをいきなり沖縄の空へ送り込んでも、戦果を上げることなど、とうてい無理である。そこで六月になると、隊員は富高を飛び立ち、別府沖で実艦攻撃訓練をはじめた。半年前にも、体当たりの練習をやったから、これが二度目の対艦艇演習だが、前回のメンバーはすでにほとんどが散華していた。

今回の標的艦は、護送空母の「海鷹」だった。細川八朗大尉は、「空母の名前は忘れてしまったが、『あるぜんちな丸』のネーム・プレートが残っていて、それを見た時の印象は今でも忘れられない」と述べている。

「海鷹」は戦前、南米航路に就航した大阪商船の豪華客船「あるぜんちな丸」の後身だから間違いあるまい。小型空母「海鷹」はシンガポールへの船団護衛に使用されたが、このころにはすでに飛行機がなく失業の状態だった。

同艦に限らず、当時、空母から発着艦ができるような熟練パイロットはきわめて少なく、広い飛行場から飛ぶのがやっとという情けない状態だった。

同艦は五月二十日、訓練目標艦に格下げされたばかりであった。昭和四十三年、細川八朗氏は筆者のインタビューに答え、「前回十九年末の実艦訓練では、二人乗りの零式練習戦闘機で滑空したわけだが、今回は本ものの零戦でプロペラを廻したまま急降下し、体当たり練習をくり返した」と貴重な体験を話された。

六月六日、沖縄の海軍根拠地隊司令官大田実少将は、最後の訣別電報を打ってきた。第三十二軍司令部の洞窟にも、数日後、米兵の足音が聞こえるようになる。大本営ではすでに沖縄に見切りをつけた。このとき宇垣中将は、最後の菊水十号作戦を発令したのである。前回の作戦から一ヵ月たっていた。

六月二十一日夜、その名もやさしい練習機白菊や水上偵察機の特攻隊を出してから、彼は防空壕の作戦室で一夜を明かした。そして六月二十二日の午前三時五十分、作戦室を出、滑走路に現われて第十神雷桜花隊六機および第一神雷爆戦隊八機の出陣準備を見守る。

岡村司令は、零戦特攻と桜花とを同行させる作戦に出たのだ。建武隊には見られなかった戦術で、弱い者は互いに助けあって行けということかもしれない。さらに第五航空艦隊では、ありとあらゆる戦闘機をかき集め、桜花隊を沖縄まで護衛することとなった。

去る三月二十一日、野中隊の悲劇のとき以外、一式陸攻に直掩戦闘機がついたことはない。しかもあの場合は、沖縄への出撃ではなく機動部隊に対するものだった。したがって、桜花と爆装零戦とを多数の戦闘機が沖縄まで守って行くことは、はじめての戦術だった。

第二〇三航空隊（笠ノ原）を中心として合計六六機もの零式戦闘機が準備を整えた。そのほか、源田実大佐の第三四三航空隊を中心とし、新編の第三三二、三五二航空隊からも防空用戦闘機紫電五〇機を投入、喜界ヶ島まで南下させる。スピードは速いが航続距離の短い紫電は、途中で待ちうけ、沖縄から帰ってくる一式陸上攻撃機を収容して帰る計画だった。

桜花隊および爆戦隊が滑走路をすべりはじめたのは、午前五時二十分から三十分までの間であった。岡村司令にとって、これが最後の桜花隊見送りになろうとは、神ならぬ身の知るよしもない。

六六機も出た護衛の零戦隊の一部の機は、空中で桜花と合同できなかった。薄暗い大空での会合はむずかしいものだが、やはりパイロットの腕がめっきりと落ちていたからであろう。護衛の零戦パイロットは玉石混淆だった。開戦以来のベテランもスカウトされてこの部隊に入っていたが、不足分は若い学徒兵でやっと数を揃えていたのである。

しかし一般には、護衛の零戦パイロットは零戦特攻機のパイロットよりも腕が立ったのである。だが「グレシアムの法則」ではないが、質の悪いものが入ると良いものまでが姿を消してしまう。

けっきょく、半分近くの二五機が途中で護衛の任務を果たしきれず、引き返してしまった。したがって沖縄まで特攻隊を守っていった零戦は、わずか四一機にすぎなかった。なおこの日、桜花隊と同時に、陸軍一〇〇式偵察機（新司偵）と海軍一七一航空隊の彩雲各一機が発進、敵のレーダーを混乱させるため、電波妨害用のアルミ箔を投下している。

特攻隊の攻撃時間は、午前八時四十五分から九時三十分ごろの間であった。母機の一機は、すでに敵手に落ちた沖縄の都、那覇の上空で桜花を見事に発進させたのち、行方不明となっている。

敵の陸軍戦闘機P47が群がっている伊江島の上空では、一式陸攻二機が襲われた。一機は桜花をすてて逃げようとしたが、別の機は母機から吊るしたカギが外れず、桜花を抱いたまま撃墜されてしまう。

この空中戦の相手は、伊江島に一ヵ月前に到着したばかりの海兵隊第二十二航空隊、第三一四飛行中隊のコルセア戦闘機である。シャーロッドの本によると、彼らは「一二・七ミリ機銃の掃射で二機のベティー嬢(一式陸攻)を撃墜したが、そのうち一機だけは『バカ機』を積んでいた。また護衛の零戦と交戦、コルセアの一機が撃墜されてしまった」と述べている。

一〇回目の桜花最後の出撃で、マル・ダイが何の戦果も挙げ得なかったことは、岡村司令にとっても、日本海軍にとっても心残りというよりほかあるまい。

別の特攻機は、伊江島の西方三八キロにある第十五哨区を襲った。ここには、駆逐艦ダイソンとマッセイの二隻が配置され、レーダー・アンテナを回転させつつ日本機の侵入を警戒していた。

このダイソンは一年半前、ソロモン水域でわが駆逐艦「大波」「巻波」「夕霧」を沈めるのに一役買った仇敵である。

午前七時四十九分から九時二十五分までの間、この二隻は約四〇機の日本機に襲われた。その数は第一神雷爆戦隊の八機と直掩の零戦機と考えれば、ほぼ納得がゆく。

ダイソンとマッセイには、戦闘機指揮班が乗っていた。レーダーで捕らえた日本機の位置を頭上の味方戦闘機へ無電で連絡するのだ。二組の防空パトロールは、ラジオに誘導されつつ日本機に飛びかかった。

日本機二九機が撃墜され、残りは逃げ去る。けっきょく日本機は二隻の駆逐艦に接近することさえできなかった。したがってダイソンもマッセイも一発の高角砲弾さえ撃つ必要はなかったのだ。

しかし、六月二十二日朝の特攻機がまったく戦果を挙げなかったわけではない。

第十五哨区より南東九〇キロ——沖縄東南岸——の中城湾で荷降ろし中だった戦車揚陸艦LST五三四号に午前九時二十分、特攻機一機が体当たりしてきた。戦車を吐き出す艦首の巨大なドアとタンク甲板とが破壊され、戦死三名、負傷三五名が出た。さらにLSTの沖合にいた掃海用駆逐艦エリソンの付近にも一機が突入、その爆風で同艦の艦首七・五メートルを吹き飛ばした。

この二つの功績は、第一神雷爆戦隊の零式戦闘機かあるいは三〇分おくれて南九州を離陸した陸軍振武特攻隊の戦闘機疾風かのどちらかに違いない。

突入時、無電の混信が多かったが、ともかくかなりの戦果が挙がったものと岡村司令は満足した。第十神雷桜花隊の一式陸上攻撃機六機中、二機はエンジン不調で途中から引き返している。また、第一神雷爆戦隊八機中、一機は生還した。

戦死した桜花パイロットの先任は第一三期飛行予備学生藤崎俊英中尉だった。千葉県出身の明治大学卒業生である。彼と同じ大学の柴田敬禧中尉は一ヵ月半前、第十建武隊指揮官としてすでに戦死していた。秋田の堀江真一等飛行兵曹は、第一〇期甲種予科練として昭和十七年、土浦に入隊した。このクラスは入隊者一〇九七名の七割余が戦死している。

つぎに母機隊員二八名のうち四名が士官、五名が兵、残り一九名が下士官だった。士官の三名までが第一三期飛行予備学生だった。稲ヶ瀬隆治（和歌山）は宮崎高等農林、根本次男（福島）は福島師範学校、三浦北太郎（青森）は盛岡高等工業出身の学徒兵であった。

三浦中尉は去る四月十二日、第三次神雷桜花隊として米駆逐艦マナート・L・アベールを轟沈させた殊勲の機長だった。当時、少尉だった彼も、中尉に進級していたのである。

一等飛行兵曹佐藤貞志は十八歳。埼玉県の出身で、甲種一二期の予科練であった。このクラスは昭和十八年の四月、六月、八月と三回にわたって大量募集したため、前年の三倍近く、三二四二名が入隊したのである。和歌を残して操縦席についた佐藤兵曹だった。

毎日新聞編『青春の遺書』によると、同じ階級の土井惟三が認めた短い遺書は、読む者をホロリとさせずにおかない。

「父様、母様、お元気で。

お体大切に。

泣かずに、ほほえんで下さい」

乙種予科練一八期。広島県の十九歳の青年だった。

最後に、七名の第一神雷爆戦隊は、全部が「消耗品」と仇名される学徒兵でしめられていた。予科練出身者を含まない特攻隊はめずらしい。第一三期の二名は中尉に進級、編隊長を勤めた。川口光男（三重）は東京物理学校、高橋英生（大分）は地元の大分師範学校出身だった。

残る五名の少尉は、第一四期飛行予備学生で、二月にようやく実用機課程を修めたばかりである。特攻隊としての短期教育もわずか三〇日であった。

「自己の本能を打ち殺し、ピューリタンの如く頑張るのは、かえって楽しい」

こう家族に書き送った茨城の石塚隆三（京都大学農学部）も死んでいった。

埼玉の金子照男（早稲田大学）、大分の伊藤祥夫（明治大学）、剣道大会で優勝した二十二歳の河晴彦らの少尉も、この戦闘から帰ってこない。静岡の溝口幸次郎（中央大学）は、「誰にも知られず、そっと死にたい」と言い残したまま帰らなかった。いかにも文学科を出た青年らしかった。学生戦士の「詩的な最後」であった。

第五章　本土決戦

苦しまぎれの桜花四三型

昭和二十年二月十七日、米空母機が東京を爆撃、さらに三月十九日には四国の沖に米機動部隊が接近するようになると、軍では本土防衛に桜花を使うことを考えた。沿岸に桜花の発射基地をあらかじめ設営しておき、米艦隊が接近したら、桜花を射ち出すのである。それは、九州南方で野中隊が全滅した五日後の三月二十六日に具体化した。

約一ヵ月後の四月末に図面が完成したが、この本土防衛用桜花は四三型と呼ばれた。それは親飛行機を持たないのが特徴である。陸上の発射台から飛び出すのだから、一式陸上攻撃機も銀河も必要ではない。

いよいよ戦局が窮迫し、米軍の日本上陸も時間の問題とみられるようになると、桜花四三型の必要性は、いっそう増してきた。本土決戦となれば、内地の飛行場は大爆撃を受け、桜花二二型を抱いた銀河が発進することなど、まったく不可能となる。

桜花二二型にひきつづき、四三型も三木忠直技術少佐が手がけた。しかし、心は焦っても作業は容易に進まない。幸い、日本海軍は飛行機射出機（カタパルト）について、世界を凌駕する頭脳と技術を持っていた。「大和」や水上機母艦「日進」に搭載された空廠型一式二号カタパルトなど長大なもので、世界最大、重量五トンもの爆撃機を射ち出すことができたのである。ところが空技廠の千葉宗三郎技術中佐はこれをはるかに凌ぐ桜花用カタパルトを設計した。

現在のアメリカ空母は、蒸気を動力とするカタパルトを持っているが、日本海軍は火薬を爆発させ、その力で飛行機を射ち出す方法を採っていた。噴進射出機一〇型と称する桜花用のカタパルトは、二・六トンもの飛行機（四三型は二・三トン）を八秒間で発射することができ、全長は九七メートルにも及んだという。巡洋艦や戦艦に積まれた呉式二号カタパルトの五倍もの長さである。

あまりに急激に発射すると、加速度のためパイロットが失神したり、鼻血を出すし、弱すぎると桜花が失速して地上に落ちる心配があるので、度合いがむずかしい。

このカタパルトを沿岸の山の上に装備、樹木などでカムフラージュをしておき、桜花自身はふもとのトンネルに納庫するのだから敵偵察機がいくら航空写真を撮っても分からない。トンネルの関係から四三型は空母機のように翼を折りたたむことができた。

桜花をケーブルカーに乗せて頂上の発射台へ上げる計画のため、各地の観光用ケーブルカーが取り外されて秘密基地の山に移される。とにかく母機なしで飛ばそうというのだから、支度が大変であった。

射出機一基に対し、桜花四三型を五～一〇機の割で用意することとなった。戦艦や巡洋艦のカタパルトでは一基につき水上偵察機二～三機を搭載することを考えれば、ずいぶん「弾丸」を持っていたわけだ。そのうえ、噴進射出機一〇型は、三〜五基をまとめて一つのグループとする予定だった。したがって、一ヵ所の基地につき桜花一五〜五〇機を収容する計算である。

一五度上を向いたカタパルトから勢いよく射ち出された桜花四三型は、自力で飛行しなくてはならない。そのためネ二〇型と称するターボ・ジェットを装備した。「ネ」の記号は燃焼ロケットの頭文字である。しかし四三型の動力はタービン式だから同じジェットでも二二型のエンジン・ジェットとは違う。実はこの機関は、ドイツの新鋭防空用戦闘機メッサーシュミットMe262型に積まれたBMW型エンジンをまねたものだった。

昭和十九年七月、大型潜水艦イ二九がドイツとの連絡航海から帰ったとき、同艦はそのエンジンの写真を持ち帰った。この間のいきさつに関しては、厳谷英一技術中佐が『機密兵器の全貌』に精しく述べている。

ネ二〇型エンジンは特殊攻撃機橘花に積むため開発を急がれた。しかし未知のものを、たった一枚の写真を頼りに製作しようというのだ。研究はたちまち難関にぶつかった。空技廠の永野治技術少佐が血のにじむような努力を重ねた結果、神奈川県秦野の疎開工場で、二十年四月、どうやら試作を終わったのである。

特殊攻撃機橘花の機関を桜花四三型へ。これは面白いアイデアだった。しかし重量を比べると、四三型は橘花の約半分しかない。小型のくせに二倍も重い飛行機と同じ機関を積むことが問題だった。しかもこのエンジンは重量四五〇キロにすぎないかわり、長さは三メートルもあった。これを無理に桜花へ積み込んだ。

『桜花』四三型乙の発進基地概要

発進の手順は、まず主翼を折り畳み、滑走車に固定した状態で格納庫に収納しておいた機体を、順次トンネル外に引き出し、主翼を展張する。次に発進順に従い、人力により軌条を滑り、カタパルト後方の旋回盤に着いたら、ここで方向転換してカタパルト軌条に載り、発進位置まで進んでエンジンを始動、ただちに射出される。機体を射出して空になった滑走車は、カタパルト先端に設けられた抑止装置で止まり、その反動と傾斜した軌条により後退し、滑走車止めで停止すると、次の機体の射出の邪魔にならぬよう、軌条後端の旋回盤を介し、退避軌条へと移動される。

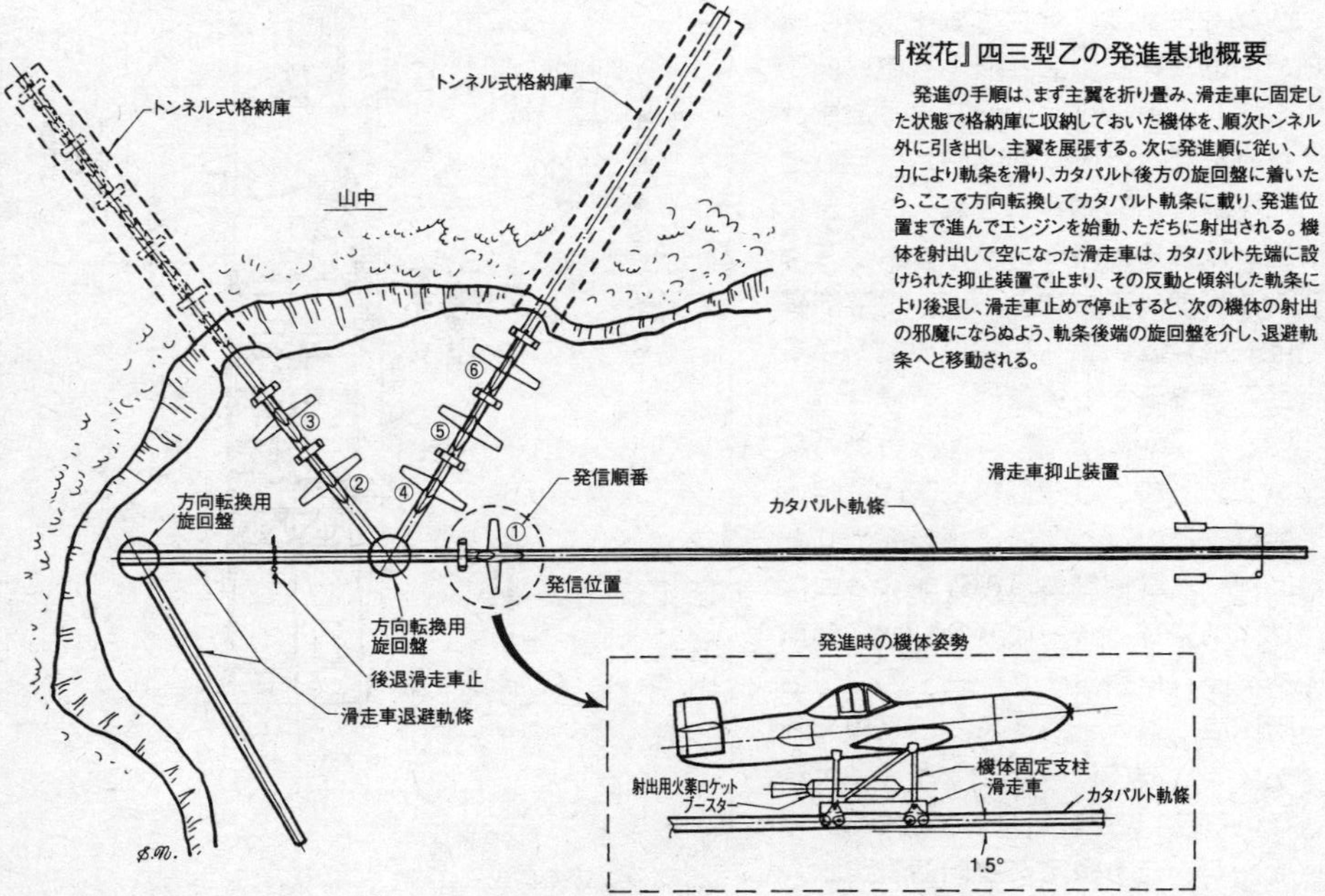

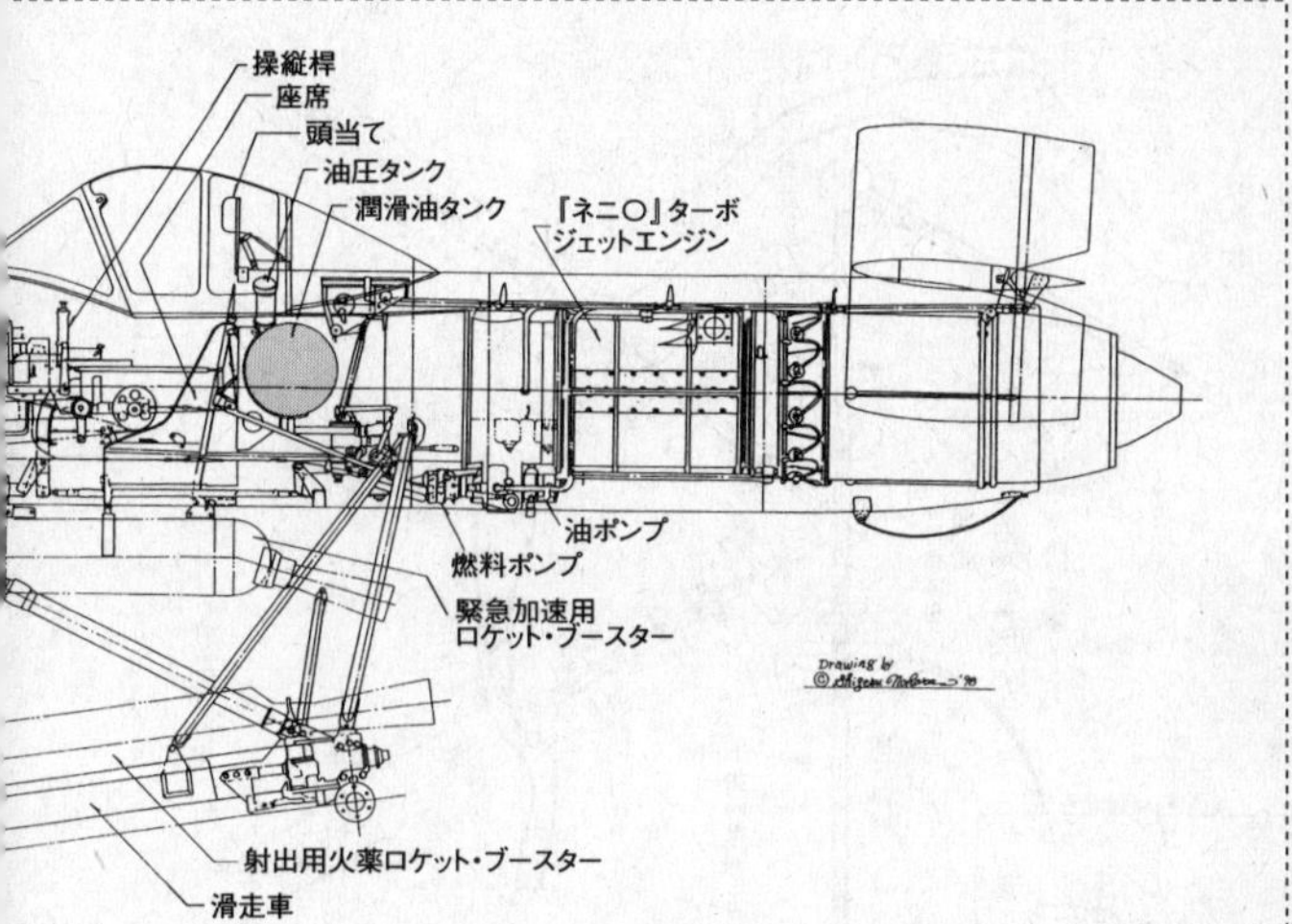

当然、四三型は従来の型より大きくなり、翼幅など二二型の二倍にもなってしまった。だがネ二〇型ジェット・エンジンとカタパルトとは、四三型を四〇〇〇メートルもの高さに上昇させ、五〇〇キロのスピードで滑空させた。注目すべきはその航続距離で、二八〇キロも遠方までとどくことだ。桜花一一型の七倍、二二型の二倍も飛べる計算である。

これなら、敵艦への必中攻撃は間違いない。そのうえ、四三型は安定性、操縦性がよく、飛行課程を終えたばかりのパイロットでも安易に操れる利点があった。爆弾搭載量は一一型と二二型の間の八〇〇キロとなった。すなわち銀河や天山と同じである。

ところで、桜花四三型は母機から投下せず、カタパルトで射ち出すため、

『桜花』四三型乙　胴体内部艤装図

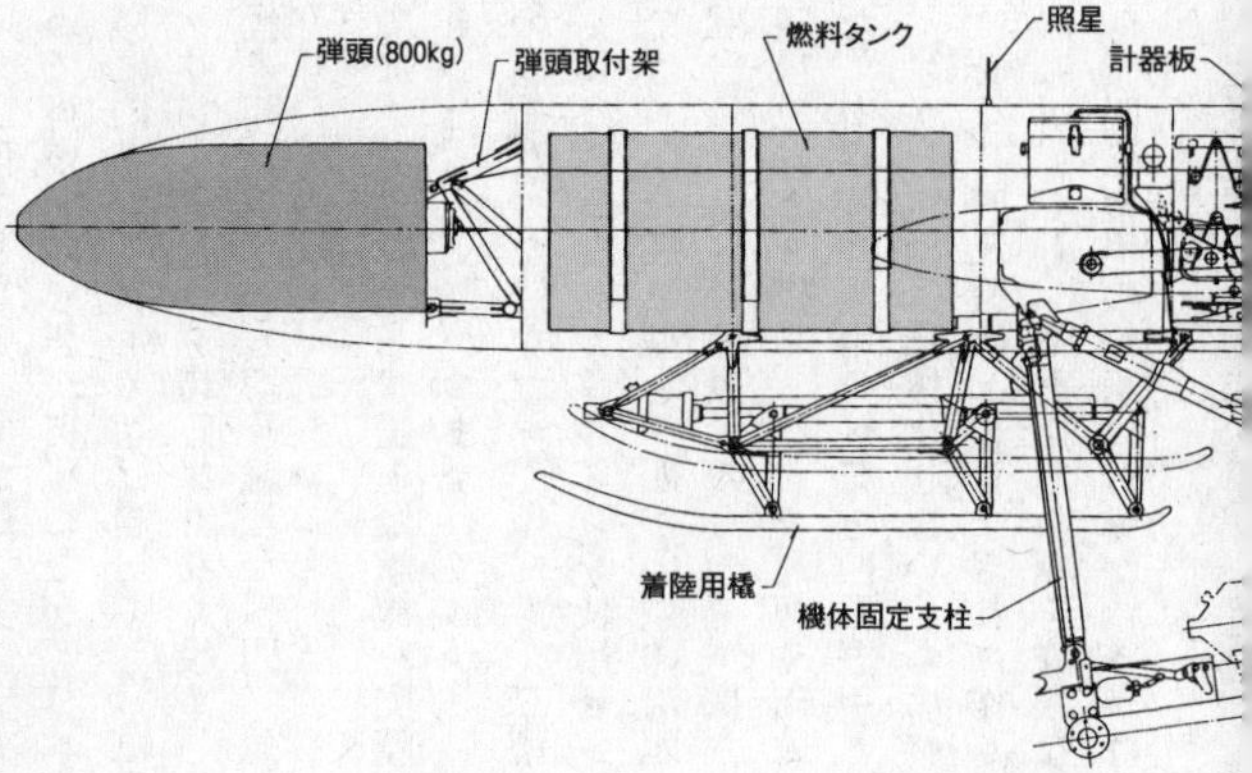

製作を面倒なものとした。射出のためには翼の面積を広くしなければならない。十分な浮力を与えるためである。

だがいったん離陸して高空に達し、いざ敵艦に突入するときには翼面積が少ない方がスピードがでる。またジェット機関は、驚くほど燃料を大喰いする。したがって二〇分も飛行するうちに四三型の機重は軽くなってしまう。そうなればやはりさほど大きな翼は必要ないわけだ。はじめは主翼面積が大でなければならず、飛行の末期には反対に小さい方が有利なのである。

三木技術少佐は、この矛盾する問題に頭をかかえ込んだ。しかし、賢明にも、彼はその解決策を編み出したのである。すなわち、上空で不要となった主翼の両端を投げすてるのだ。そのためには、パイロットは操縦桿の頭部についたスイッチを押しさえすればよい。

一言でいえば何でもないようだが、実に大変な発明である。戦後、アメリカ軍の戦闘機FIII型で初めて可変翼の思想が実現したが、日本の技術陣はとうの昔に着手していたのだ。いざ危機にのぞむと、トカゲは自分のしっぽを切り離す。戦闘機も空中戦に移るとき、爆弾型のガソリン・タンクを惜し気もなく投下してしまう。しかし、主翼の一部を切って落とすなど前代未聞だ。しかも切り離した瞬間、急激に浮力や重心が変化するので、決して油断はできない。

空技廠では、旧式な九九式艦上爆撃機を実際に飛ばして翼端離脱の実験をやった。結果は大成功であった。二二型がつまずいてばかりいたのに比し、四三型の場合、実験はいずれも予想以上の成績だった。ただ一一型でも二二型でも、翼は資材節約のため木製だったのに、四三型の主翼は貴重なジュラルミンを使用せざるを得なかったのである。

空技廠では、桜花四三型をイ四〇〇型の潜水空母三隻に搭載することも考えた。この潜水空母は五五〇〇トン、世界最大のもので、長さ二六メートルの四式一号カタパルトと新鋭水上爆撃機晴嵐三機とを搭載、パナマ運河や南太平洋ウルシーの敵空母基地の奇襲計画がたてられていた。潜水艦搭載用の桜花を四三型甲といい、陸上秘密基地用のものを四三型乙と称している。しかし甲型は具体化しないうちに終戦となり、ひとり乙型の生産だけが固まった。

いずれにせよ、四三型は、苦しまぎれに作りだした新兵器であった。戦況の急激な悪化は、この新兵器に対しても、堅実なあゆみを許さなかった。

どうやら、四三型甲の将来に目鼻がつきかけたとき、早くも搭乗員の確保とその養成とがはじまった。この時代、真っ先に犠牲となったのは、いたいけな少年兵だった。

鳥取県の美保や岡村司令の故郷に近い四国の浦戸には練習航空隊が新設されていたが、その隊員は本土決戦のため、陣地構築やら陸上戦の訓練やらに不満な毎日を送っていたのである。彼らはみな、大空にあこがれる予科練の出身者であった。

ところが、六月八日、隊員の間にざわめきが起こる。特攻要員の募集があったのだ。決して強制ではなかった。審査の結果、一部の少年兵たちに、「特攻隊要員ヲ命ズ」という命令が下った。

国を守るために志願した純粋な彼らにとって、大きな名誉とならないわけがない。選抜にもれた者は、不平顔だった。仲間の一部は、すでに水上特攻艇（震洋）に抜擢され、隊を去って行った。だから陸上戦の訓練に終始することは一層、とり残された気持に追いやられた。

やがて選ばれた者たちは、六月末日、三重航空隊に集結する。全国の各航空隊から集まった特攻隊要員は、いずれも甲種予科練第一四期出身者ばかりだった。このクラスは昭和十九年夏、入隊して軍人としての基礎訓練を受け、二十年三月末に卒業した者である。一ヵ年の修業期間を三ヵ月も短縮していたが、それでも階級は飛行兵長だった。

彼らより一期上の第一三期生でさえ、ガソリンがなくて飛行機に乗れない。そのため人間魚雷回天に乗り変えて散った者さえあった。土木工事に酷使された彼らが、「ドカ練」と自嘲したのも無理はない。

さて、藤原宗一飛行兵長が自らの体験談として『ああ予科練』に記したところでは、この少年兵たちは、三重から長野県南部の野辺山に連れてゆかれたという。

甲府から北へ汽車で三時間、海抜一三五〇メートルのこの地は、むしろ山梨県北部に近く、北西に二八九〇メートルの赤岳（八ヶ岳）を望むことができる。この辺鄙な山奥に、秘密の特攻隊養成所があることを誰が予想しただろうか。青少年の航空熱が盛んだった当時、文部省のグライダー訓練所が野辺山にあったので、その広場を利用することになったのだ。

食糧欠乏のおり、食べざかりの少年兵も、一日一回はおかゆでがまんしなければならなかったという。兵舎もテントで代用した。スパイの目をあざむくため、彼らは農場の作業員ということになっていた。

戦前から日本海軍では、K一四型という初級グライダーと若草と称する中級グライダーを操縦練習用に使用していた。いずれも、東京の日本小型飛行機社の宮原旭氏が製作したものである。

一週間後の七月九日、特攻隊要員は野辺山農場で若草型に身をゆだねた。

桜花――とくに一一型――はロケット機というより、むしろグライダーに近いものだからであろう。また燃料の不足も飛行機を使用しない重大な一因をなしたに違いない。少年兵たちは、滑空によりしだいに操縦のカンを会得した。

彼らは、桜花四三型の第七二五航空隊に編入されるのだが、まだ詳細を知らされていないため、桜花一一型に乗り、一式陸攻から投下されるものとばかり思い込んでいた。

一ヵ月ののち、終戦が彼らを見まった。けっきょく、この特攻要員たちはあこがれの桜花を一度も、目のあたりにすることなく、全国に散っていった。野辺山農場の片隅には、破壊されたグライダーの部品がいつまでも四散していた。

第七二五航空隊、発足す

神奈川県横須賀からバスで南へ約二〇分、明治時代、岩崎男爵の馬場だったここに戦時中、武山海兵団が置かれていた。関東地方の出身者が初めて海軍に入ると、武山で訓練を受けるのである。

二十年の六月末、この広い練兵場に巨大なカタパルトが持ち込まれ、新兵たちを驚かせた。練習用桜花の姿も見える。これは一一型用のK一型機を二人乗りに改造したものだった。教官と実習生のための座席だが、二人乗りの桜花は後にも先にも四三型射出練習機だけである。この練習用桜花の底部には、着陸用のソリがつけられ、胴体後部には八秒間で燃えきってしまう小さなロケットが、ほんの申しわけのように固定されていた。だが四三型用練習機は、終戦までに、たった二機が作られただけだった。

やがて、発射実験が行なわれた。白煙と轟音とに送られつつ、桜花は大空に勢いよく飛び出して行く。大成功だった。関係者一同の顔には、ほっと安堵の色が浮かんだ。なお第七二二航空隊の平野晃大尉は、殉職した長野少尉のあとをうけ、四三型の射出実験に協力したという。

実験が成功するやいなや、海軍では待ちかねたように、桜花四三型の実戦部隊、第七二五航空隊を編成した。発足は昭和二十年七月一日、終戦より一ヵ月半ばかり前のことだ。

したがって第七二五航空隊は、日本海軍が編成した最後の航空隊である。永石正孝大佐の

桜花四三型乙の訓練用に作られた複座練習機。ベースになった練習機K1に前席を設置したため、機首が短くなっている。終戦までに2機が作られた。

『海軍航空隊年誌』によると、横須賀で開隊したこの兵力は、複葉の九三式練習機や二人乗りの零式戦闘練習機などにより構成されていたという。司令は鈴木正一中佐であった。兵学校五二期、大正十三年に卒業した彼は、源田実と同期で岡村、渡辺の両司令より二年後輩であった。

しかし、桜花を持つ三番目の航空兵力たる第七二五航空隊も、じっくりと腰を落ち着けて訓練することができなかった。常にB29の空襲におびえていなければならないからだ。

そのうえ、編成一八日目の七月十八日には、横須賀がふたたび米空母機の大空襲を受けた。帝国海軍の生き残りの戦艦「長門」が碇泊していたが、同艦は傷を負い、艦長は戦死した。とばっちりを受けて駆逐艦「八重桜」、潜水艦イ三七二も沈んだ。連合艦隊が壊滅したいま、関東地方はますます、敵上陸の危険にさらされるようになった。

事実、米第八軍と第十軍とは、九州上陸に引き続き昭和二十一年三月、コロネット作戦を敢行する予定だった。

『桜花』四三型乙用複座練習機（MXY7-K2）

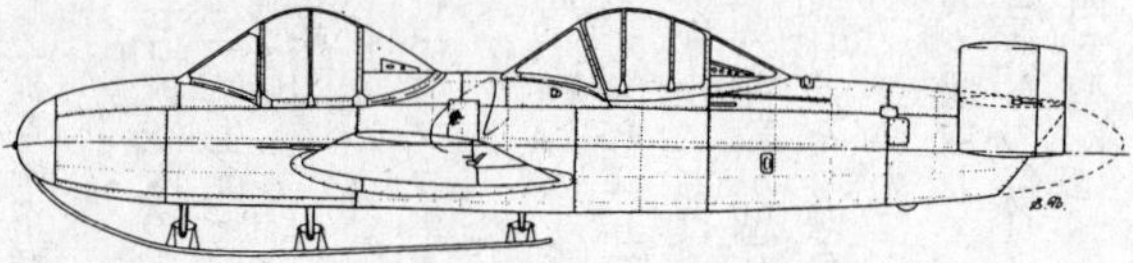

それは関東平野への上陸を意味する作戦だったのである。

「長門」の被爆より二日後の七月二十日、第七二五航空隊は近畿地方の滋賀航空隊に引っ越した。空襲の少ない田舎で、みっちり鍛えようというのだろう。

滋賀航空隊は粗末な砂利敷きの滑走路を持つだけにすぎない。美しい琵琶湖にのぞむ同隊には、都合よく予科練教育の練習航空隊があった。ここでも第一三、一四期の甲種予科練卒業生が、グライダー訓練を開始していた。しかし実戦部隊の第七二五航空隊は、後輩たちの訓練を横目で見ながら、すぐ背後の山にこもるのだ。

京都の北東一〇キロには比叡山がある。幾多のロマンと歴史を秘めた海抜八四八メートルのこの山の中腹では、すでに杉林が切り払われていた。そして長さ一〇〇メートル近い不気味なカタパルトが、ニョッキリと首を出していたのである。まるで科学小説に出てくる秘密要塞だ。

桜花四三型を東京から西へ射てば、名古屋あたりまでとどく計算だ。したがって、比叡山から飛び立つ桜花は、四国西南沖や和歌山のはるか南方、さらに伊勢湾などにまでとどくのである。

またこの方面の沿岸には、人間魚雷回天や体当たりモーター・

ボート震洋よりなる第六特攻戦隊と第四特攻戦隊が配置されていた。したがって第七二五航空隊は、これら水上特攻兵力と呼応し、比較的弱体な日本本土中央部の防衛にあたったのである。

第七二五航空隊の搭乗員は、ほとんどが第一四期飛行予備学生と、第一期飛行予備生徒であった。予備生徒とは大学出身ではなく、旧制の専門学校出の学徒兵で、したがって同じ少尉でも大学出の者より三歳、年下であった。彼らの仲間で、すでに沖縄の空に散華した者は枚挙にいとまがない。

兵学校出のプロ軍人が分隊長、各編隊長には第一三期の飛行予備学生が選ばれた。第一四期生はまがりなりにも空を飛んだことがある。しかし兵隊として本来、その下で行動すべき第一四期予科練出身者は滋賀や野辺山でやっとグライダーをいじりはじめたばかりだった。したがって第七二五航空隊は士官ばかりの——頭でっかちな——部隊となった。

さて、武山における射出成功のニュースは、神ノ池の第七二二航空隊の耳にも入った。桜花二二型の実験が思わしくなく、いらいらした毎日を送っていた彼らである。

八月三日、その隊員の一部は第七二五航空隊への転属を命ぜられた。つまり上層部では、遅々として進まぬ二二型に業を煮やし、手っ取り早い四三型への乗り換えを計ったのだ。これら隊員を吸収して、滋賀航空隊は活気にあふれた。本土決戦まであと二、三ヵ月の生命だ。それでも彼らの毎日は底抜けに明るい。

桜花四三型乙は、いよいよ生産態勢に入った。名古屋の愛知航空機も、空技廠の設計に協力した関係で、同社が量産を引き受けたのである。

愛知航空機はすでに述べたように、彗星など艦上爆撃機のメーカーとして知られた会社である。しかし二二型を作った縁と経験もあり、四三型にも手を貸すこととなったのだ。しかし同社は、三月十四日および五月十七日の夜、B29による大空襲を受け、まだその痛手から回復していない。

そこで、空襲を避けて、岐阜と大垣とに疎開した分工場で生産に着工した。七月二十四日、二十八日の両日、名古屋の本工場が米空母機の爆撃を蒙っていることを考えると、この分散は確かに賢明だったといえよう。

とくに大垣工場では、最後の夜間戦闘機電光二号機の試作に取り組んでいたが、桜花四三型は、もっと大がかりな生産方式を採る予定だった。しかし終戦までに、大垣は街の三九・五パーセント、岐阜は実に六九・九パーセントもがB29により破壊され、桜花の生産も思うようにはかどっていない。

九州の大分にある第十二航空廠も、桜花四三型の生産に踏み切った。ここは他の七つの航空廠と共に、昭和十年、修理工場として作られた海軍施設であるが、開戦直前、航空本部の直轄する生産・補給所に変身したものである。ちょうど桜花一一型を、霞ヶ浦の第一航空廠でも生産したのと同じだ。

大分にある飛行場自体は、滑走路が二本あるだけで、さほど重要なものではない。しかし、第五航空艦隊の指揮下にある西海基地航空隊が配置されていたため、これまたB29の目標となった。この時期になると、日本中、至るところの中小都市さえ、米第二十一爆撃集団に狙われたのだ。大分も市街地の二八・二パーセントが罹災している。こういう戦災さえなければ、桜花四三型乙は二十年九月に戦力化する予定だった。

米第六軍は十一月、オリンピック作戦と称して南九州に上陸する予定だったから、本土なら間に合ったろう。しかし二二型のジェット機関、ツ一一型と同様、ネ二〇型エンジンも生産が思うにまかせず、生産は著しい遅延を見ている。

連合艦隊司令部は、すでに軍艦がなくなったため、陸戦隊や航空隊を合わせて海軍総隊と改名していた。海軍総隊も近く予想される米軍の南九州上陸には桜花四三型乙がもはや間に合わないとあきらめていた。そのときは従来の一一型をひっさげて岡村司令の第七二一航空隊に出陣させるのだ。

しかし米軍は、やがて、別の兵力を関東地区か中部日本に上陸させて、いよいよ東京に迫ってくるだろう。そのときこそ秘めたる懐力四三型が白煙を上げてつぎつぎと飛び出すのだ。その準備として千葉県南部の房総半島や東京湾にのぞむ三浦半島、伊豆半島に、まず発射基地を作ることになった。

かつて航空本部長として桜花一一型の投下実験に立ち会った戸塚道太郎中将は、このとき、横須賀鎮守府長官に昇進していた。彼の眼前には、いまでも神ノ池でのあの悲惨な事故の光景が彷彿としている。いかなる因縁か、戸塚中将はふたたび桜花とのかかわり合いを持つこととなった。

彼の指揮下には、千葉海岸の特攻第七戦隊、三浦半島の特攻第一戦隊などが配置されていた。いずれも体当たりモーター・ボート震洋や人間魚雷回天の水上部隊だ。戸塚中将は、桜花四三型をこれら水上特攻と共に投入、敵の上陸を阻止する計画だったのである。箱根の十国峠、新潟県の温泉郷池ノ平が続いて特攻基地としての工事を開始した。このほか、カタパルトは近畿地方の和歌山沿岸にも置かれる予定だった。

すでに七月二十五日夜、軽巡パサデナ以下四隻の米第十七巡洋戦隊が潮ノ岬を飛び越え、第九〇三航空隊の水上偵察機基地のある串本を艦砲射撃したことがあった。

そして、これらの工事が完了したら、さらに本土の太平洋岸を南北にわたり、桜花四三型の基地で埋めつくす計画だった。しかし桜花四三型乙も二二型と同様、実戦に使用される以前に終戦を迎えた。

八月十五日の終戦の日、滋賀航空隊では予科練出身者の一部が「徹底抗戦！」を叫んだ。約一〇〇名にも及ぶ少年兵が、九九式小銃を手にし、食糧と毛布とをかついで例の桜花四三型の発射基地未成の比叡山要塞にたてこもったという。

指揮官もいない自発的な集団である。「昭和の白虎隊」を気負った少年兵たちは、悲壮感で胸を一杯にさせていた。米兵が上陸してきたら最後の一人まで戦って果てよう。

しかしやがて数日ののち、士官が説得に山を上ってくる。すでに少年兵の昂奮もさめた。彼らは一人、また一人と比叡山を降りていった。比叡山はふたたび、もとの静寂をとりもどした。

終戦と第七二一航空隊

昭和二十年も七月に入ると、アメリカ軍の日本本土上陸に対し、航空兵力を温存しなければばならなくなった。大本営は「敵の最初の上陸地点は南九州」と想定した。したがって、九州の西部軍（第十六方面軍、睦兵団）は強大だった。

しかし、実際に陸上戦が開始されれば、鹿児島県の鹿屋を航空基地とすることなど不可能となる。場合によっては、すぐ占領されてしまうおそれさえある。八月三日、第五航空艦隊司令部、宇垣長官は大分市郊外に後退した。百姓家に中将旗をひるがえした彼は、蚊とノミとに悩まされた。

司令部の後退と前後して、各航空隊も一歩退いた。第七二一航空隊はここで三隊に分かれる。神雷爆装戦闘機隊、桜花と母機隊および七二一航空隊本部の三者だ。散り散りになって鹿屋を去る。幾多の戦友の出撃を見送った鹿屋を後にするとき、彼らの胸は痛んだ。

まず、岡村司令が通信隊、主計隊などを率いて四国の松山に移る。瀬戸内海に面した松山は、敵上陸のさい、前進基地として格好な位置をしめており、そこには、第五航空艦隊麾下の内海基地航空隊が配置されていた。もと第三四三防空戦闘隊があった関係で、松山はB29から目の敵にされ、実に市街地の六四パーセンが被爆していたのである。

他方、零戦特攻隊のみは退却することなく一歩前進した。沖縄で、二ヵ月後に迫った南九州上陸の準備を整えている米輸送船団に、一泡吹かせようというのである。

薩南諸島の喜界ヶ島は、奄美大島の東方三〇キロにあり、九州南端から沖縄に至る約半分の距離にある。昔、僧の俊寛が流されたこの島には、南西諸島航空隊と称する少数の地上作業班が勤務していたが、すでに飛行機は一機もない。神雷零戦隊の残党は、鹿屋から南西に飛び、こっそりと喜界ヶ島へもぐり込んだ。

奄美大島防備隊の一部である喜界ヶ島の隊員たちは、久しぶりに見る友軍機に涙せずにはおられなかった。

「日本にはまだ飛行機があったのだ」

従来、ここに着陸するものといったら、沖縄特攻の途上、エンジンの具合が悪くて不時着するものばかりだった。ところが、今日は五機が見事な編隊を組んで降りてくる。パイロットは、皆、不敵な面がまえだった。しかも、うわさに高い神雷部隊だという。

一時は虚脱状態だった喜界ヶ島は、ふたたび、昔日の活気をとりもどした。この日から、同基地は、緊急用不時着場から秘密の特攻基地に変身したのである。

「よくきてくれた。内地の具合は、どうだ？」

文字どおり、島流しの俊寛和尚となった守備隊員は、ひげ面を寄せてきた。いうまでもなく、戦闘第三〇六飛行隊で編成したこの特攻第二神雷爆戦隊の五機は基地であたたかく迎えられた。

幸いにも米軍は、この特攻隊進出に気づいていないらしい。すでに日本側は、沖縄戦にサジを投げており、七月中にはただ一回、たった一機の特攻隊としてゲタ履きの水上偵察機を送ったにすぎなかった。だからこの状況下に、敵の油断をうまく利用し、奇襲を敢行するのが特攻の成功条件だった。

八月六日、広島に原子爆弾が投下された。四日後、米機動部隊は北海道や青森にまでその魔手をのばしてくる。これは、沖縄を守る空母戦闘機が留守であることを意味するものだ。

第二神雷爆戦隊は、翌八月十一日の午後六時、喜界ヶ島から南西に飛び立った。

それは、第七二一航空隊の行なった最後の出撃となった。目的地まで二五〇キロ、東京―浜松間の距離である。一時間の飛行で、沖縄へ到着したとき、すでに日はとっぷりと暮れていた。暗くて目標がつかめず、五機のうち三機は引き返してきた。だが二機は、とうとう帰らなかった。二名の戦死者は下士官と第一三期飛行予備学生の岡嶋四郎中尉だ。日大専門部出身の彼は、千葉県出身であった。

さて第七二一航空隊の主力桜花隊と母機隊とは、すでに七月上旬、石川県の小松に後退していた。ここにはやはり第五航空艦隊の山陰基地航空隊が置かれていた。

太平洋岸にくらべて「裏口」ともいうべき日本海側は、比較的安全だった。だから、軽巡「酒匂」、潜水母艦「長鯨」など生き残った水上艦隊の主力は皆、日本海へ逃げ出していたのである。

航空部隊とてその例にもれなかった。小松には、五〇〇〇名の予科練を養成する練習基地があった。しかし、ガソリン不足でとても飛行訓練などおぼつかず六月三十日、同隊は解散している。したがって神雷部隊は小松航空隊の跡にいすわり、決号作戦に備えて、戦力の回復を計ったのである。決号作戦とは、本土決戦のことである。

攻撃第七〇八飛行隊長足立次郎少佐、桜花第三分隊長湯野川守正大尉をはじめ、生き残った人々は、疲労した部隊の再建に大童だった。

「やがて、後輩の第七二二航空隊も戦列に加わる。それまでに米軍が上陸してきたら、われわれの桜花一一型だけで喰い止めねばならぬ」

この責任感を心の支えとして、彼らは毎日の訓練に励んだのである。

八月十五日、終戦。特攻隊員は途方に暮れた。混乱が起こる。まだ平和を喜ぶ感情ではなく、生きる支えを失ったという気持だった。

三日ののち、攻撃第七〇八飛行隊長足立次郎少佐は連絡のため九州大分へ飛ぶ。第五航空艦隊司令部に終戦に関する指示を仰ぐためだ。

参謀長横井俊幸少将が口を開いた。

「近いうちにアメリカ兵がやってくる。神雷部隊はとくに睨まれているから、至急、解散するように」

これが第七二一航空隊の受けた最後の命令だった。

祖国敗る。隊員たちは悲憤慷慨した。

「戦友たちは何のために死んでいったのだろう。国を守るためではなかったか！」

なすすべを忘れ、呆然としてたたずむ者も多かった。つぎつぎと武器が回収される。

死ぬときは一緒にと誓った桜花パイロットたちも、ばらばらに散って行った。彼らは固く約束した。

「今後、互いにどんな道を歩むか分からない。しかし、三年後の三月二十一日、靖国神社の鳥居の下で必ず再会しようではないか」と。

宇垣纒中将はどうしたか。彼は終戦の報を耳にするやいなや、大分から鹿屋に飛び、第七〇一航空隊の艦上爆撃機彗星に乗り込んだ。そして自ら特攻体当たりをこころみ、数多くの部下の後を追い、沖縄の空に散っていったのである。

神雷の創始者である岡村基春司令には、まだ多くの仕事が残っていた。彼は血気にはやる軍人の前途を憂えた。そして厚生省第二復員局の地方分室に勤務した。これは、海軍軍人の引き揚げ業務を担当する機関である。せめてもの後始末をするのが、自己の義務と考えたのであろう。

勇ましく出征していった軍人たちは、みるかげもなくやせ細って外地から帰ってきた。彼らが日々の生活に困ったのは当然である。世相は引き揚げ軍人にも冷たかったのだ。岡村元司令は彼らの福利、厚生に頭を痛めた。

やがて昭和二十一年に入ると、復員業務も一段落する。そのころ、第三者の目には岡村氏がホッと肩の荷を降ろしたかのごとく思われた。

しかし、このとき彼には深く決するところがあったのだ。

満員列車に身をゆだねた彼は、はるばる千葉県に下った。ここは三年前、彼が第三四一航空隊司令をしていたとき、マル・ダイの発想を思いついた場所なのだ。二、三日ののち、新聞の千葉県版は小さく、鉄道自殺のあったことをつたえた。それが元第七二一航空隊司令岡村基春大佐の最後だった。

鉄道自殺など、およそ武人らしからぬ死と笑ってはいけない。平和な国に生まれ変わった日本は、短刀の所持さえも禁じていた。まして物資不足のおり、毒物などの入手し得ようはずがなかった。

「お前たちだけを行かせはしない。俺も必ず行く」

こういって部下の特攻隊員を見送った彼の言葉は、武人としての死所は得なかったが、決して嘘ではなかったのだ。

桜花隊員一九九名中、現存者は四六名。実に四分の三までも戦死したことになる。かえりみれば、昭和二十年三月二十一日から八月十一日までの五ヵ月間に桜花隊は一〇回、建武隊は一一回、神雷爆戦隊は二回の出撃を行なっている。

桜花——。

その名のごとく若き戦士は国のため、親兄弟のため、潔く散っていったのであった。

あとがき

いかに戦争は罪悪だといっても、祖国存亡のとき自己を犠牲にして、敢然と散っていった若人たちの悲壮な事実に目をつぶっていてよいものであろうか？

戦争体験のぜんぜんない私が、おこがましくも筆を執ったのはこの悲しい戦史にメスを加えたかったからにほかならない。

とくに特攻隊の戦果は、従来、とかく過大に取り扱われがちであった。これは死者への思いやりでもあろう。しかし、それでは歴史の一端に事実と反するものを残したまま、後世に伝えることにもなりかねない。

敵側だったアメリカ人も、肯き得る戦史。私はこれを書きたかったのである。

神雷については、一〇年ほど前、元隊員たちが『今日の話題』誌にその体験を発表された。四〇ページにも満たないパンフレットだが、得難い資料である。また山王書房からも『神雷特別攻撃隊』が刊行されたが、この両者は、筆者が『桜花特攻隊』を書くのに非常に参考となった。しかし、私は私なりに、第三者の立場から、これを記録したかったのだ。

とくに米国側資料の裏付けをこころみたのも、そのためだ。しかし、戦史の照合に両軍の記録が一致することは少ない。

ましてや、当方は片道の特攻隊である。いちばん困るのは、数隊の特攻隊が同日の日付で発進した場合だった。これに対して私は攻撃目標や特攻機の型、発進、攻撃の時間を調べ、該当しないものをつぎつぎと除き、残った特攻隊の戦果に違いないと推論した。

いずれにもせよ発進後、特攻機の状況については不明な点が多い。私は少しでも、この謎を解こうと努力したつもりである。

なお本書の執筆にあたり、小生の質問に応じて貴重な体験をお話し下さった。元海軍大尉の桜花パイロット細川八朗氏に厚く感謝の意を表する次第である。また、艦上攻撃機のオーソリティーだった元海軍大佐の永石正孝氏（全日本航空事業連合会理事）にもご助言を戴いた。

最後に、あらためて、祖国のため散っていった若人たちの冥福を祈って筆をおく。

木俣滋郎

本書は、昭和四十五年八月、経済往来社刊行の
「桜花特別攻撃隊」に加筆、改訂しました

光人社ＮＦ文庫

桜花特攻隊

二〇〇一年八月　七　日　印刷
二〇〇一年八月十三日　発行

著　者　木俣滋郎
発行者　高城直一
発行所　株式会社光人社

東京都千代田区九段北一-九-十一
振替／〇〇一七〇-六-五四六九三
電話／〇三-三二六五-一八六四㈹
印刷・製本　図書印刷株式会社

定価はカバーに表示してあります
乱丁・落丁のものはお取りかえ
致します。本文は中性紙を使用

ISBN4-7698-2316-9 C0195

刊行のことば

第二次世界大戦の戦火が熄《や》んで五〇年――その間、小社は夥しい数の戦争の記録を渉猟し、発掘し、常に公正なる立場を貫いて書誌とし、大方の絶讃を博して今日に及ぶが、その源は、散華された世代への熱き思い入れであり、同時に、その記録を誌して平和の礎とし、後世に伝えんとするにある。

小社の出版物は、戦記、伝記、文学、エッセイ、写真集、その他、すでに一、〇〇〇点を越え、加えて戦後五〇年になんなんとするを契機として、「光人社NF（ノンフィクション）文庫」を創刊して、読者諸賢の熱烈要望におこたえする次第である。人生のバイブルとして、心弱きときの活性の糧《かて》として、散華の世代からの感動の肉声に、あなたもぜひ、耳を傾けて下さい。

光人社NF文庫